HORST WOLFGANG BOGER

Der empirische Gehalt der Austauschtheorie von George Caspar Homans

ERFAHRUNG UND DENKEN

Schriften zur Förderung der Beziehungen zwischen Philosophie und Einzelwissenschaften

Band 67

Der empirische Gehalt der Austauschtheorie von George Caspar Homans

Von

Dr. Horst Wolfgang Boger

DUNCKER & HUMBLOT / BERLIN

CIP-Kurztitelaufnahme der Deutschen Bibliothek

Boger, Horst Wolfgang:
Der empirische Gehalt der Austauschtheorie von
George Caspar Homans / von Horst Wolfgang Boger.
— Berlin: Duncker und Humblot, 1986.
(Erfahrung und Denken; Bd. 67)
ISBN 3-428-05970-0

NE: GT

Satz: Werksatz Marschall, Berlin 45; Druck: Werner Hildebrand, Berlin 65
Printed in Germany

ISBN 3-428-05970-0

Vorwort

Diesem Buch liegt meine Dissertation zugrunde, die ich im Dezember 1983 der Fakultät für Sozialwissenschaften der Universität Mannheim eingereicht habe. Es unterscheidet sich von der ursprünglichen Fassung zwar nicht in der Substanz, wohl aber im Umfang und in zahlreichen Details.

Dank möchte ich meinen akademischen Lehrern Martin Irle und Hans Albert aussprechen. Sie haben mich nicht nur gefördert, sondern gaben mir auch reiche Gelegenheit, viel über Sozialwissenschaften und ihre Methoden- und Wissenschaftslehre zu lernen.

Volker Gadenne hat zu Teilen von früheren Entwürfen einige kluge Hinweise gegeben, die mir sehr nützlich waren.

In meinen Dank muß ich vor allem meinen Freund Axel Bühler einschließen. Ohne seine hartnäckige Kritik und seine vielen Kommentare hätte dieses Buch wohl kaum entstehen können. Auch hat mir sein fast unerschütterlicher Glaube an meine wissenschaftliche Kompetenz immer wieder Mut verliehen.

Die vierteilige Abbildung in § 8 hat dankenswerterweise Monika Czech angefertigt.

Dem Verlag Duncker & Humblot, besonders Herrn Dieter H. Kuchta, danke ich für die angenehme Zusammenarbeit.

Horst Wolfgang Boger

Inhalt

§ 1: Einleitung

Seit Ende der fünfziger Jahre spricht man in der Soziologie und in der Sozialpsychologie von „Austauschtheorien“ oder „Theorien des sozialen Tausches“. Als die wichtigsten Beiträge zu dieser Forschungsrichtung werden *Homans* (1958), *Homans* (1961), *Homans* (1974), *Thibaut* und *Kelley* (1959) und *Blau* (1964) betrachtet.

Am meisten Beachtung hat wohl — jedenfalls insgesamt gesehen — die Theorie von *Homans* gefunden. Von welcher Problemstellung geht *Homans* aus?

Homans will, wie er ausdrücklich sagt, „elementares soziales Verhalten“ erklären (*Homans* 1961, S. 2 ff.). *Elementar* ist das von ihm anvisierte Verhalten in dem Sinne, daß es *subinstitutionell* ist, d.h. daß es überall vorkommt, in einer bürokratischen Organisation ebenso wie in einer Straßenbande (*Homans* 1974, S. 367). Institutionen fungieren dabei lediglich als Randbedingungen, die allerdings wiederum, so meint er, durch seine Theorie des elementaren Sozialverhaltens erklärt werden können (vgl. *Homans* 1974, S. 12, S. 356 ff.).

Während *Homans* (1958) „soziales Verhalten als Tausch“ gedeutet hat und *Homans* (1961) „soziale Interaktion“ und „Tausch“ stipulativ miteinander identifiziert hat (vgl. S. 13, S. 30, S. 74), ist er dreizehn Jahre später wesentlich zurückhaltender:

> „Da ein großer Teil des sozialen Verhaltens als Tausch betrachtet werden kann, haben Sozialwisssenschaftler dazu geneigt, den Typ von Erklärung, den wir vorgeschlagen haben, als ‘Austauschtheorie‘ zu bezeichnen. Wir sind der Auffassung, daß diese Praxis aufgegeben werden sollte. Sie impliziert, daß die Austauschtheorie eine Theorie eigener und unabhängiger Art ist, während sie in unserer Sicht schlicht in Verhaltenspsychologie, die auf die Interaktion von Menschen angewandt wird, besteht“ (*Homans* 1974, S. 56).[1]

[1] Alle Zitate aus fremdsprachigen Texten gebe ich in eigener Übersetzung wieder, und zwar aus zwei Gründen: Erstens sind viele Übersetzungen unzuverlässig oder schlicht unsinnig. Ich denke dabei zum Beispiel daran, daß der *Skinnersche* Ausdruck „operant“ in der deutschen Übersetzung von *Homans* (1961) als „Operieren“ (!) wiedergegeben wird und dementsprechend „operant conditioning“ als „operierende Konditionierung“. Durch derartige Übersetzungen wird das Verständnis eines Textes eher gehemmt als gefördert. Zweitens war ich in den Paragraphen sechs, sieben und acht gezwungen, Sätze von *Skinner* und *Homans* zu rekonstruieren und zu paraphrasieren. Hätte ich diejenigen Sätze, die aus noch nicht übersetzten Schriften entnommen sind, auf englisch zitiert, wäre ein für meinen Geschmack unschönes Sammelsurium aus zwei verschiedenen Sprachen entstanden.

Und während er 1958 und 1961 noch der Ansicht war, elementares soziales Verhalten könne durch ein Amalgam aus „Verhaltenspsychologie" und „elementarer Ökonomie" erklärt werden (vgl. insbesondere *Homans* 1961, S. 12 f.), verläßt er sich später nur noch auf die erstere:

„Wir glauben, daß die Propositionen der Verhaltenspsychologie die generellen erklärenden Propositionen aller Sozialwissenschaften sind. Dementsprechend sind sie auch die generellen Propositionen der Ökonomie, insofern die Ökonomie versucht, das Verhalten von Personen zu erklären, und ihnen nicht Ratschläge gibt, wie sie sich verhalten sollen" (*Homans* 1974, S. 67).

Ob die Theorie von *Homans* zu Recht oder zu Unrecht „Austauschtheorie" genannt wird, finde ich nicht so wichtig. Ich werde sie im folgenden stets so benennen, nicht so sehr deshalb, weil sich diese Bezeichnung eingebürgert hat, sondern eher deshalb, weil „Austauschtheorie" wesentlich kürzer ist als „Theorie des elementaren sozialen Verhaltens".

Und ob *Homans* recht hat mit der Behauptung, die „Propositionen der Verhaltenspsychologie" seien identisch mit den „generellen Propositionen der Ökonomie", kann und will ich hier nicht entscheiden. Allerdings möchte ich nicht verhehlen, daß ich dieser Auffassung mehr als skeptisch gegenüberstehe.

Vielmehr hat sich meine Arbeit das Ziel gesetzt, herauszufinden, ob die 'Austauschtheorie' von *George Caspar Homans* empirisch gehaltvoll ist. Dabei habe ich vorwiegend einen Aspekt von Gehalt im Auge, nämlich den der Synthetizität, d. h. der Nicht-Analytizität. Gemeint ist mit diesen häßlichen Worten ungefähr folgendes: Ein Satz ist analytisch genau dann, wenn er mit Hilfe einer Definition in eine logische Wahrheit überführt werden kann. Ein einfaches Beispiel läge etwa dann vor, wenn im Rahmen einer agrarsoziologischen Studie die Hypothese

Alle industrienahen Gemeinden haben eine niedrige Agrarquote

formuliert würde und zugleich von einer Definition

Eine Gemeinde ist industrienah genau dann, wenn sie eine niedrige Agrarquote hat

Gebrauch gemacht würde. Diese Definition erlaubte dann, im ersten Satz den Ausdruck „industrienahe Gemeinde" durch den Ausdruck „Gemeinde, die eine niedrige Agrarquote hat", zu ersetzen, so daß wir den logisch wahren Satz

Alle Gemeinden, die eine niedrige Agrarquote haben, haben eine niedrige Agrarquote

erhielten. Sätze dieser Art sind für die Erkenntnis der Wirklichkeit wenig brauchbar, sie haben keinen oder nur einen minimalen Gehalt.

Daß ich die Theorie von *Homans* unter diesem Gesichtspunkt untersuche, ist vorwiegend dadurch motiviert, daß er bei *Homans* selbst und bei seinen

Kritikern und Anhängern eine beträchtliche Rolle spielt, er aber weder in *Homans'* Schriften noch in denen seiner Kritiker und Anhänger befriedigend behandelt wird. Daß dieser Aspekt für *Homans* wichtig ist, können wir schon allein daran erkennen, daß er seine Theorie nicht nur als Konkurrentin, sondern eindeutig als überlegene Konkurrentin der Theorien von *Parsons* betrachtet. Diese Theorien scheinen ihm „jede Tugend zu besitzen mit Ausnahme der, irgendetwas zu erklären". Sie bestünden überwiegend aus „Systemen von Kategorien, 'pigeonholes', begrifflichen Schemata, in die der Theoretiker verschiedene Aspekte des sozialen Verhaltens" hineinzwänge:

> „Der Theoretiker schiebt verschiedene Verhaltensaspekte in seine Kategorien hinein, ruft 'Ah-ha' und hört dann auf. Er hat das Wörterbuch einer Sprache verfaßt, die keine Sätze enthält. Er hätte besser daran getan, mit den Sätzen zu beginnen" (*Homans* 1961, S. 11; vgl. auch *Homans* 1974, S. 10 f.).

Und an anderer Stelle, angesichts einer längeren Passage aus dem Buch „The executive role constellation" von *Hodgson, Levinson* und *Zaleznik*, einer Schrift, die offenbar von *Parsons* stark inspiriert ist, bemerkt er:

> „Die Passage sagt aus, daß Dinge wie Kultur, Sozialisation und das soziale System alle wichtig sind und alle irgendwie miteinander verbunden sind, aber sie sagt uns nichts *über* sie. Sie ist vollkommen wahr — und gänzlich kraftlos. Brauchen wir und unsere Studenten . . . tatsächlich solch schwache Wahrheiten?" (*Homans* 1967, S. 17; Hervorhebung im Original).

Homans ist einer der wenigen ganz großen (zumindest aber: einer der wenigen äußerst prominenten) Soziologen, die sich etwas näher mit Wissenschaftslehre befaßt haben. Die Wissenschaftsphilosophen, auf die er sich gerne beruft, sind vor allem *Braithwaite, Hempel* und *Nagel* (vgl. etwa *Homans* 1974, S. 8, S. 37), auch hat er offensichtlich Schriften von *Popper, Watkins* und *Rudner* zur Kenntnis genommen (vgl. *Homans* 1967, S. 61, S. 62, S. 65). Deshalb ist es nach meiner Ansicht notwendig und legitim, seine Theorie wissenschaftsphilosophisch zu beleuchten.

Die wissenschaftsphilosophische Position, die ich meiner Analyse zugrundelege, dürfte der von *Homans* nicht völlig unähnlich sein. Prinzipiell bin ich mit seinen Auffassungen über Theoriekonstruktion, über Theorieprüfung, über Erklärungen usw. einverstanden, so daß die Kritik, die ich an seiner Theorie übe, weitgehend eine immanente Kritik ist.

Von dieser Arbeit möge man also keine 'Abrechnung mit *Homans*' erwarten. Sie kann schon deshalb nicht das letzte Wort über seine Theorie sein, weil ich mich — wie oben schon betont — lediglich der Frage zugewandt habe, ob sie empirisch gehaltvoll im Sinne von „nicht analytisch" ist. Andere interessante Fragen wären z. B.: Kann man mit dieser Theorie tatsächlich — wie *Homans* annimmt — Phänomene wie Macht, Autorität, Kooperation, Konformität, Konkurrenz, Status, Führung, Schichtung und Innovation erklären, „erklären" dabei in einem strengen Sinne verstanden? Ist die

Austauschtheorie tatsächlich *gehaltvoller* als andere Theorien, insbesondere gehaltvoller als solche Theorien, die *Homans* kritisiert? Worin bestehen (Un-)Ähnlichkeiten mit den Theorien von *Blau* (1964) und *Thibaut* und *Kelley* (1959), die man ebenfalls als „Austauschtheorie" bezeichnet?

Bevor ich den Aufbau der Arbeit schildere und meine Vorgehensweise skizziere, will ich anhand einiger Schriften demonstrieren, wie unbefriedigend und unangemessen *Homans'* Austauschtheorie interpretiert und diskutiert wird.[2]

Von *Maris* (1970) wird die Frage nach der „logischen Adäquatheit von *Homans'* Sozialtheorie" gestellt. Insbesondere will er wissen:

„Können die empirischen Verallgemeinerungen aus *The Human Group* und aus der Kleingruppenforschung von Festinger, Blau, Bales und anderen logisch aus einer Menge von Postulaten und Definitionen in Verbindung mit Standardschlußregeln (!) deduziert werden?" (*Maris*, 1970, S. 1071; Hervorhebung im Original).

Zu diesem Zweck 'übersetzt' er die dritte Hypothese aus *Homans* (1961) in eine Art 'Küchenlogik'.

Die dritte Hypothese

> Je wertvoller für eine Person eine Einheit einer Aktivität ist, die eine andere ihr gibt, desto öfter wird sie eine Aktivität emittieren, die durch eine Aktivität der anderen belohnt wird

nimmt durch *Maris'* Bemühungen die folgende Gestalt an:

$$(+\ OvP) \quad \rightarrow \quad [\ (+\ OrP) \cdot (+\ PrO)\ ],$$

wobei „+" für „mehr" stehen soll, „O" für „eine Einheit der Aktivität der anderen Person", „v" für „ist wertvoll für", „P" für „eine Einheit der Aktivität der Person", „r" für „belohnt". Mit Hilfe dieses Abkürzungsverzeichnisses würde ich die obige Zeichenserie lesen als:

> Wenn eine Einheit der Aktivität der anderen Person für eine Einheit der Aktivität der Person wertvoller ist, dann belohnt eine Einheit der Aktivität der anderen Person eine Einheit der Aktivität der Person mehr und eine Einheit der Aktivität der Person belohnt eine Einheit der Aktivität der anderen Person mehr.

Man vergleiche diesen Satz mit dem von *Homans,* und man wird sofort erkennen, daß mit dem von *Maris* verwendeten Instrumentarium die „logische Adäquatheit von *Homans'* Sozialtheorie" wohl nicht zu prüfen ist. Auch wird es unmöglich sein, unter der Annahme, „die Postulate (seien) analytische Propositionen" (!), herauszufinden, „ob die Theorem-Kandidaten aus ihnen folgen" (*Maris* 1970, S. 1072).

---

[2] Die Theorie von *Homans* ist mit Sicherheit nicht das einzige Opfer solcher Praktiken.

Chadwick-Jones (1976) ist eine umfangreiche Schrift, die sich, wie ihr Untertitel ankündigt, mit der Struktur der Austauschtheorie(n) und ihrem Einfluß in der Sozialpsychologie befaßt. Sie wird von *Gergen, Greenberg* und *Willis* (1980, S. 194) als der „ehrgeizigste Versuch, den Status der Austauschtheorie zu evaluieren" und als „wahrhaft monumentales Werk" bezeichnet.

Was lehrt uns *Chadwick-Jones?* Welche Evaluation des Status der Austauschtheorie bietet er uns an, insbesondere was den Punkt des empirischen Gehalts betrifft? Am Anfang seines Werkes (Kapitel 2) diskutiert er das Thema „Verstärkungstheorien und Austausch". Innerhalb dieses Kapitels kommt er auf das Problem „Verstärkungserklärungen als Tautologien" (S. 13-19) zu sprechen, ein Problem, das wohl jedem, der sich mit (psychologisch orientierten) Austauschtheorien befaßt, interessante Einsichten zu geben verspricht.

Offenbar interpretiert er „Tautologie" auf doppelte Weise und folgt damit der schlechten Tradition, die sich in gewissen Teilen der Sozialwissenschaften etabliert hat. Einmal bezeichnet er einen Satz, der mittels einer Definition in eine logische Wahrheit transformiert werden kann, als „tautologisch", das andere Mal einen Satz, dessen Prädikate sich auf Variablen beziehen, die nicht unabhängig voneinander gemessen werden können. Tautologische Erklärungen wären dann einerseits solche Erklärungen, in deren Prämissen analytische Sätze enthalten sind, andererseits Erklärungen, in deren Prämissen empirisch nicht prüfbare Sätze vorkommen. Später (S. 214 ff.) behandelt er ausführlich die Frage, ob die Austauschtheorie 'tautologisch' ist. Er zitiert in diesem Zusammenhang eine Kritik von *Doreian* und *Stockman* (1969, S. 55), in der es heißt, *Homans'* „Theorie ist entweder tautologisch, da sie Austausch effektiv als Interaktion definiert, oder sie ist empirisch falsch". Tatsächlich hat *Homans* (1961, S. 13, S. 30, S. 35, S. 74, S. 378) „soziales Verhalten", „Interaktion" und „Austausch" als gegenseitig substituierbare Ausdrücke gedeutet. Dies hat natürlich zur Folge, daß ein Satz wie „Alle Interaktionen zwischen Personen sind ein Austausch von materiellen und immateriellen Gütern" analytisch wird. Keineswegs berührt dies aber die eigentlichen Hypothesen seiner Theorie. Anstatt *Homans* auf diese Weise vor unangemessenen Angriffen in Schutz zu nehmen, reproduziert *Chadwick-Jones* den logisch-methodologischen Unsinn von *Liska* (1969). Dieser glaubt, nachdem er laut *Chadwick-Jones* den Tautologievorwurf gegenüber *Homans* „sehr sorgfältig" betrachtet hat, es sei „notwendig, Tautologien in zwei distinkte Typen zu rekonzeptualisieren, in empirisch-gehaltsmäßige und in theoretisch-relationale" (*Liska* S. 448). Der erste dieser Typen umfaßt offenbar solche Sätze, die gewöhnlich „analytisch" genannt werden, der zweite Typus solche, die oben als „tautologisch" im zweiten Sinne von *Chadwick-Jones* bezeichnet werden. Für eine Theorie ist 'tautologisch' (in diesem zweiten Sinne) zu sein keineswegs ein Makel, sondern ein Vorzug, meint

Chadwick-Jones, da „dadurch, daß man einen Begriff offen läßt, . . . es möglich (ist), einer Theorie eine Vielfalt von empirischen Befunden zu inkorporieren" (S. 215). Daß durch derartige „offene Begriffe" eine Theorie beliebig interpretierbar wird und empirisch nicht mehr widerlegt werden kann, stört ihn keineswegs.

Ausgestattet mit dieser methodologischen Auffassung kann er, ohne *Homans'* Theorie im Detail untersucht zu haben, verkünden: „Die Ansicht, die Austauschtheorie sei so ungenau und tautologisch, daß sie nicht diskonfirmiert werden kann, ist nun durch die Verwendung von relationalen Tautologien als Trick (im Original „stratagem") erkannt" (S. 217).

Turner (1978, S. 216-245) präsentiert und diskutiert den „Austauschbehaviorismus" von *Homans.* Nachdem er sich über induktive und deduktive Strategien der Theoriekonstruktion, Abstraktionen erster und zweiter Ordnung, Anthropologie, Ökonomie und Behaviorismus ausgelassen hat, kommt er auf die Tautologiefrage zu sprechen:

„Grundlegender für die Austauschperspektive (als das Rationalitätsproblem; H.W.B.) ist das Problem der Tautologie. Wenn man die Definition der Schlüsselbegriffe — Wert, Belohnung und Handlung — prüft, scheinen sie sich wechselseitig zu definieren. Belohnungen sind Gratifikationen, die Wert besitzen. Wert ist der Grad an Belohnung oder Verstärkung. Handlung ist belohnungssuchende Aktivität. Es taucht nun die Frage auf, ob es möglich ist, eine Theorie aus Axiomen aufzubauen, die tautologisch sind (. . .). Alle Axiome Homans' leiden unter diesem Problem, und Homans hat große Sorgfalt darauf verwendet, mit dieser Frage fertig zu werden" (*Turner* 1978, S. 234).

Wenn man bedenkt, daß der Vorwurf, eine als realwissenschaftlich intendierte Theorie sei 'tautologisch', der schlimmste Vorwurf ist, der erhoben werden kann, muß man sich fragen, warum *Turner* es überhaupt nicht für notwendig hält, seine Behauptungen durch Hinweise auf die entsprechenden Textstellen zu belegen. Auf welche Weise hat er die „Definition der Schlüsselbegriffe" geprüft? Wo sind diese Definitionen bei *Homans* zu finden? Und falls sie — auch in dieser Form — tatsächlich bei *Homans* vorkommen, folgen dann die behaupteten Konsequenzen daraus? Leiden tatsächlich alle „Axiome" der *Homansschen* Theorie unter dem 'Tautologieproblem'? Eine angemessene Beurteilung der *Homansschen* Theorie ist ohne Beantwortung dieser Fragen völlig unmöglich.

Bei der Bewertung einer Theorie ist es vor allem wichtig, daß man sich detailliert mit ihr beschäftigt. Solche Bemühungen sind in der Literatur über *Homans* selten zu finden. Auch um diesem Mangel abzuhelfen, habe ich diese Arbeit verfaßt.

Meine Arbeit gliedert sich in die folgenden Paragraphen:

Im zweiten Paragraphen charakterisiere ich das Ziel der Erfahrungswissenschaften und die damit verbundene Idee des Gehalts. Ich unterscheide dabei zwischen sechs Aspekten von Gehalt, die nach meiner Auffassung nicht miteinander verwechselt werden sollten.

Der dritte und der vierte Paragraph befassen sich mit einem Aspekt von Gehalt, der in der Diskussion um *Homans'* Austauschtheorie eine zentrale Stelle einnimmt, nämlich dem der Nicht-Analytizität. Im dritten Paragraphen versuche ich, eine hinreichend präzise Kennzeichnung analytischer Sätze zu geben, und bemühe mich dann, den Erkenntniswert analytischer Sätze zu bestimmen. Darauf aufbauend frage ich im vierten Paragraphen danach, ob analytische Sätze empirisch geprüft werden können, und ob sie für Erklärungen und Prognosen tauglich sind.

Der sehr kurze fünfte Paragraph skizziert die *Homanssche* Austauschtheorie, indem er ihre zentralen Sätze vorstellt. Dieser Paragraph soll dem Leser einen inhaltlichen Eindruck von dieser Theorie verschaffen.

Zwei mögliche Deutungen der Austauschtheorie, die auch in der Literatur zu finden sind, nämlich eine 'hedonistische' und eine '(radikal-) behavioristische', diskutiere ich im sechsten Paragraphen und versuche, sie anhand der Schriften von *Homans* zu bewerten. Ich gelange dabei zu dem Ergebnis, daß für eine Deutung der Austauschtheorie als hedonistische Theorie so gut wie keine Evidenz besteht, während fast alles für die andere Deutungsalternative spricht.

Deshalb, und weil der behavioristische Verstärkerbegriff für *Homans'* Theorie grundlegend ist, bemühe ich mich im siebten Paragraphen, diesen Begriff zu analysieren und zu rekonstruieren.

Im achten Paragraphen schließlich komme ich auf den eigentlichen Gegenstand der Arbeit zu sprechen. Ich analysiere und rekonstruiere, besonders unter Rückgriff auf den siebten Paragraphen, die Hypothesen der Austauschtheorie und weise darauf hin, daß sowohl *Homans* als auch seine Gegner und Anhänger in vielen Punkten unrecht haben.

Im letzten Paragraphen fasse ich die Ergebnisse der Arbeit zusammen und skizziere einen programmatischen Ausblick.

§ 2: Das Ziel der Erfahrungswissenschaften und die Idee des Gehalts

Die Erfahrungswissenschaften streben danach, bestimmte Ausschnitte der Wirklichkeit („der Welt") zu erkennen, darzustellen, zu erklären (*Popper* 1969, S. 33; *Popper* 1972, S. 191; *Albert* 1972, S. 33; *Albert* 1978, S. 45; *Albert* 1982, S. 11). Eng verbunden damit sind zwei Ideen, nämlich die Idee der Wahrheit und die Idee des Gehaltes (*Popper* 1963 b, S. 231; *Albert* 1978, S. 45): Die Erfahrungswissenschaften bemühen sich, möglichst wahre und möglichst gehaltvolle Theorien über bestimmte Ausschnitte der Welt zu konstruieren.

Von diesen beiden Ideen, der Idee der Wahrheit und der Idee des Gehalts, ist im Rahmen dieser Arbeit, wie schon der Titel anzeigt, vorwiegend die zweite Idee von Interesse. „Wahrheit" werde ich stets realistisch verstehen: Ein Satz ist wahr genau dann, wenn das, was er behauptet, tatsächlich der Fall ist.

Die Idee des Gehaltes, respektive die methodologische Forderung nach möglichst hohem Gehalt, hat mehrere Aspekte, die man nach meiner Auffassung streng auseinanderhalten sollte:

(1) Der Aspekt der Nicht-Analytizität (Synthetizität):

Sätze der Erfahrungswissenschaften sollen nicht logisch wahr oder analytisch sein (*Popper* 1969, S. 85). Darauf werde ich in § 3 ausführlich eingehen.

(2) Der Aspekt der Allgemeinheit:

Sätze der Erfahrungswissenschaften sollen möglichst allgemein sein (*Popper* 1969, S. 85 ff.). Betrachten wir etwa die folgenden drei Sätze:

(i) Alle Gesellschaften sind mit dem Problem der Güterknappheit konfrontiert.

(ii) Alle Industriegesellschaften sind mit dem Problem der Güterknappheit konfrontiert.

(iii) Alle marktwirtschaftlich organisierten Industriegesellschaften sind mit dem Problem der Güterknappheit konfrontiert.

Der Gehalt (im Sinne von Allgemeinheit) dieser drei Sätze nimmt von (i) über (ii) nach (iii) ab, da die Menge der marktwirtschaftlich organisierten

Industriegesellschaften eine echte Teilmenge der Menge der Industriegesellschaften ist, welche wiederum in der Menge der Gesellschaften echt enthalten ist. (i) behauptet demnach mehr als (ii), (ii) behauptet mehr als (iii), und (i) behauptet — wegen der Transitivität der Teilmengenrelation — mehr als (iii).

(3) Der Aspekt der Präzision:

Sätze der Erfahrungswissenschaften sollen möglichst präzise formuliert sein (*Popper* 1969, S. 85 ff.).

Betrachten wir wiederum drei Sätze:

(i) Alle Neurotiker des Typs N sind nach der Teilnahme an einer Psychotherapie des Typs P (z. B. „Stoma-trophallaktische Transpersonalisation") innerhalb einer Woche beschwerdefrei.

(ii) Alle Neurotiker des Typs N sind nach der Teilnahme an einer Psychotherapie des Typs P innerhalb von zehn Jahren beschwerdefrei.

(iii) Alle Neurotiker des Typs N sind nach der Teilnahme an einer Psychotherapie vom Typ P irgendwann beschwerdefrei.

Auch hier nimmt der Gehalt von (i) über (ii) nach (iii) ab: Die Präzision wird von Satz zu Satz geringer.

Ein wichtiger Teilaspekt der Präzision besteht auch in der Art der verwendeten Begriffe, nämlich darin, ob diese klassifikatorisch, komparativ oder quantitativ (metrisch) sind (vgl. *Carnap* 1950, S. 8 ff.; *Hempel* 1952, S. 54 ff.).

Betrachten wir auch hierzu drei Sätze:

(i) Alle Personen, die viel Alkohol trinken, erzielen im Intelligenztest IT geringe Werte.

(ii) Je mehr Alkohol eine Person trinkt, desto geringer sind die von ihr im Intelligenztest IT erzielten Werte.

(iii) Das Produkt aus der Menge des von einer Person eingenommenen Alkohols (in g) und der von ihr im Intelligenztedt IT erzielten Werte ist gleich der Konstanten k.

Daß von (i) über (ii) nach (iii) die Präzision zunimmt, ist offensichtlich.

Eng mit dem Aspekt der Präzision, insbesondere aber mit dem eben vorgestellten Teilaspekt, hängt der Aspekt der (adäquaten) Meßverfahren zusammen. Zwar ist etwa von den drei oben vorgestellten Sätzen (iii) präziser als (ii), aber diese Präzision bleibt so lange ein Glasperlenspiel, wie es keine Meßverfahren gibt, die die Repräsentation der beiden Variablen durch numerische Werte auf Ratioskalenniveau gestatten.

Damit verlassen wir die semantischen Betrachtungsweisen und kommen zu einem ersten pragmatischen Aspekt von Gehalt.

(4) Der Aspekt der Meßverfahren:

Je weiter entwickelt ein Meßverfahren für die Prüfung eines Satzes ist, desto gehaltvoller ist dieser Satz.

So weist *Koyrè* (1968, S. 95) darauf hin, daß sich Teile der Physik des siebzehnten Jahrhunderts in einer „recht seltsamen und sogar paradoxen Situation" befanden: Ihre Sätze waren „im Prinzip präzise", sie behaupteten, „die Wirklichkeit (sei) im wesentlichen geometrisch und — konsequenterweise — Gegenstand rigoroser Bestimmung und Messung", sie entdeckten und formulierten „mathematische Gesetze, die (erlaubten), die Position und die Geschwindigkeit eines Körpers an jedem Punkt seiner Bahn und in jedem Zeitpunkt seiner Bewegung zu deduzieren und zu berechnen". Und doch waren die Physiker „nicht in der Lage, sie zu verwenden", weil sie weder über eine Möglichkeit verfügten, „ein Moment zu bestimmen, noch eine Geschwindigkeit zu messen". Ohne diese Meßverfahren bleiben „die Gesetze der neuen Technik abstrakt und leer".

Parallelen zu der von *Koyrè* geschilderten Situation dürfte es in der Geschichte aller Wissenschaften geben respektive gegeben haben.

So besteht (zumindest aber bestand) in der deskriptiven (d. h. nichtnormativen) Entscheidungstheorie die Schwierigkeit, (subjektiven) Nutzen zu messen, vor allem aber (subjektiven) Nutzen unabhängig von subjektiven Wahrscheinlichkeiten zu messen. Eine der Determinanten für die an zweiter Stelle genannte Schwierigkeit ist der Sachverhalt, daß Nutzen und subjektive Wahrscheinlichkeiten nicht unabhängig voneinander variieren, sondern inteagieren (vgl. *Lee* 1971, S. 123 ff.). So gibt es etwa Spieler, die glauben, daß Ereignisse die Tendenz haben, zu ihren Gunsten einzutreten („Optimisten"). Umgekehrt kommen Spieler vor, die denken: „Ich muß gewinnen, also werde ich mit Sicherheit verlieren" („Pessimisten"). Da aber die Messung von Nutzen allein schon mit ungeheuren Aufwänden und Unzulänglichkeiten belastet ist, potenzieren sich diese Aufwände und Unzulänglichkeiten beträchtlich, wenn beide Parameter gemessen werden sollen. Unter diesen Bedingungen gerät die Theorie des „subjektiv erwarteten Nutzens" in eine äußerst unangenehme Lage. Diese Theorie behauptet — grob gesagt —, daß Personen diejenige Alternative wählen, bei der das Produkt aus einer numerischen Repräsentation des (subjektiven) Nutzens der Konsequenz und der subjektiven Wahrscheinlichkeit des Eintretens der Konsequenz größer ist als bei anderen Alternativen. Dabei nimmt die SEU-Theorie („SEU" ist die übliche Abkürzung für „subjectively expected utility") an (sie muß es sogar annehmen), daß die beiden Größen faktisch unabhängig sind und auch unabhängig voneinander bestimmt werden können, da sonst die Multiplikation der sie repräsentierenden numerischen Größen unsinnig wäre.

Verwandt, jedoch nicht identisch, mit diesem Aspekt von Gehalt ist das Phänomen, daß von zwei Variablen, zwischen denen ein wie auch immer gearteter empirisch-gesetzmäßiger Zusammenhang angenommen oder behauptet wird, die eine nur auf dem Umweg über die andere beobachtet oder gemessen werden kann. Dies ist der

(5) Aspekt der Zirkularität von Beobachtungen und Messungen:

Dieser Aspekt wird uns später noch im Zusammenhang mit der 'Wert-Proposition' von *Homans* begegnen. Um die Diskussion dieses Punktes nicht inhaltlich vorwegzunehmen, wähle ich zur Illustration zunächst ein sehr simples Beispiel aus der Schulphysik:

Je stärker ein Metallstab erhitzt wird, desto stärker dehnt er sich aus.

Nehmen wir an, wir hätten keine Möglichkeit, Temperatur, wohl aber eine, Distanzen zu messen. In diesem Fall wäre es uns unmöglich, den Satz empirisch zu überprüfen. Wir könnten aber versuchen, diesen Satz als 'Symptomsatz' oder als 'Indikatorgesetz' zu interpretieren und ihn entsprechend zu verwenden. Er wiese uns dann einen Weg, bei zwei Metallstäben a und b die Relation „a ist weniger stark erhitzt als b oder a ist gleich stark erhitzt wie b", d. h. „b ist mindestens so stark erhitzt wie a", über die Relation „b hat sich mindestens so stark ausgedehnt wie a" festzustellen (was zugegebenermaßen nicht sehr viel ist).

Wollte man zum Beispiel entscheiden, ob von zwei Wärmequellen die zweite mindestens so stark ist wie die erste, könnte man zwei Stäbe von gleicher Materialbeschaffenheit nehmen, den einen Stab über die eine, den anderen Stab über die andere Wärmequelle legen (und zwar gleichzeitig) und nach einem hinreichend langen Zeitintervall gleichzeitig festzustellen versuchen, ob sich der zweite Stab mindestens genauso stark ausgedehnt hat wie der erste. Wäre dies tatsächlich der Fall, könnte man aufgrund des Satzes (und einiger Zusatzannahmen) schließen, daß die zweite Wärmequelle mindestens so stark ist wie die erste.

Wichtig sind in diesem Zusammenhang zwei Gesichtspunkte. Wir sind einerseits nicht berechtigt, diesen 'Symptomsatz' deshalb als „analytisch" (oder gar als „tautologisch") zu bezeichnen, weil die eine Variable nur durch die andere Variable gemessen werden kann (wenn auch — wie in diesem Fall — nur sehr eingeschränkt) und dieser Satz deshalb nicht empirisch geprüft werden kann. Und andererseits kommt es in den Wissenschaften selten vor, daß ein 'Symptomsatz' oder ein 'Indikatorgesetz' unabhängig von anderen Sätzen dieser Art verwendet wird.

Um den zweiten Gesichtspunkt zu illustrieren, wähle ich ein Beispiel, das ich, um Komplikationen und technische Details zu umgehen, selbst konstruiert habe. Nehmen wir an, wir wollten den Modernitätsgrad verschiedener

Gesellschaften miteinander vergleichen. Indikatoren für Modernität könnten wir aus der Beobachtung gewinnen, daß in der geschichtlichen Entwicklung von Gesellschaften der Grad der Technisierung und die Anzahl an Berufspositionen zunehmen, während der relative Anteil der Bevölkerung, der im primären Sektor (Land-, Forst- und Fischereiwirtschaft) arbeitet, abnimmt.

Unser Indikatorgesetz könnte also lauten:

> Je höher der Technisierungsgrad und je höher die Anzahl der Berufspositionen ist, und je geringer der relative Anteil der Bevölkerung ist, der im primären Sektor arbeitet, desto moderner ist die betreffende Gesellschaft.

Ein solches Indikatorgesetz hängt mit theoretischen Annahmen zusammen, etwa in der Art, daß man die Zunahme des Technisierungsgrades als (partielle) Determinante des Rückgangs der Zahl der Erwerbstätigen im primären Sektor deuten kann, da die Technisierung die Personalintensität der Produktion senkt. Gleichzeitig zieht die Technisierung die Entstehung von neuen Berufen nach sich. Ein solches Indikatorgesetz ist demnach auch keine rein konventionelle Festsetzung darüber, wie Modernitätsgrad zu messen ist.

Es gibt übrigens interessante Fälle, die sich — jedenfalls kontextfrei — weder eindeutig zu (5) noch zu (1) zuordnen lassen. Ich denke dabei an Sätze, denen man keineswegs nur in der populärwissenschaftlichen Literatur begegnet und die man „Zu-viel/Zu-wenig-Sätze" nennen könnte.

Beispiele hierfür sind etwa:

(i) Wenn eine Person eine zu hohe Dosis von einem Medikament (zum Beispiel: Acetylsalicylsäure) zu sich nimmt, dann treten Nebenwirkungen ein (z. B. Magenblutungen).

(ii) Wenn eine Brücke zu stark belastet wird, dann stürzt sie ein.

(iii) Wenn ein soziales System nicht genügend Komplexitätsreduktionskapazität besitzt, dann bricht es zusammen.

Diskutieren wir der Einfachheit halber nur (i). Die Phrase „die Person ... nimmt eine zu hohe Dosis des Medikamentes — —" kann einerseits so verstanden werden, daß sie eine (zumindest) hinreichende Bedingung dafür ist, daß wir die Phrase „bei der Person . . . treten Nebenwirkungen ein" verwenden dürfen, ebenso wie wir — wenn wir für einen kurzen Augenblick einen intuitiven Analytizitätsbegriff zugrundelegen — von der Phrase „Max ist Junggeselle" zu der Phrase „Max ist nicht verheiratet" übergehen dürfen. Man kann sich leicht vorstellen, daß das Prädikat „das Medikament — — ist für die Person ... eine zu hohe Dosis" definiert wird durch das Prädikat „nach Einnahme des Medikamentes — — treten bei der Person ... Nebenwirkungen auf". (i) wäre bei dieser Interpretation ein analytischer Satz in dem eingeschränkten Sinne, in dem er in § 3 charakterisiert wird, und damit wäre er gehaltlos (zumindest aber äußerst gehaltsarm).

Andererseits — und hier haben wir die Zuordnung zu Aspekt (5) — kann der Satz so interpretiert werden, daß er ein 'Symptomsatz' oder ein 'Indikatorgesetz' ist. Das Symptom „bei Silvia tritt die Nebenwirkung 'Magenblutungen' auf" ist eine notwendige Bedingung für die Annahme, daß Silvia eine Überdosis Acetylsalicylsäure zu sich genommen hat. Anders formuliert: Wenn bei Silvia keine Magenblutungen auftreten, dann nehmen wir an (respektive dürfen wir annehmen), daß Silvia keine Überdosis Acetylsalicylsäure zu sich genommen hat.

Isoliert hat Satz (i), wenn man ihn als 'Symptomsatz' oder als 'Indikatorgesetz' interpretiert, keinen empirischen Gehalt. Denn wenn die genannten Nebenwirkungen die einzigen Symptome oder Indikatoren dafür sind, daß die Dosis an Acetylsalicylsäure zu hoch war, kann er nicht geprüft werden, da zu seiner Prüfung seine Geltung vorausgesetzt werden muß.

Als letzter Aspekt von „Gehalt" sei schließlich noch genannt:

(6) Der Aspekt der 'kritischen Einstellung':

Je kritischer ein Wissenschaftler gegenüber (s)einer Theorie eingestellt ist, desto gehaltvoller ist diese Theorie.

Diesen Aspekt hat *Popper* immer wieder betont, besonders im Zusammenhang mit seinen Bemerkungen über den wissenschaftlichen Status der Theorien von Marx, Freud und Adler (*Popper* 1963a, S. 34 ff.). Häufig versuchen Wissenschaftler bestimmte Theorien gegen Kritik zu „immunisieren" (*Albert*), sie z. B. durch die Einführung von ad-hoc-Annahmen vor Widerlegungen zu schützen. Eine zugleich interessante und deprimierende Exemplifizierung solcher Strategien finden wir in der Erforschung von 'paranormalen Phänomenen'. So berichtet *Gardner* (1983, S. 83) unter anderem:

„Wenn immer ein größeres Experiment . . . ein offensichtlicher Fehlschlag ist, werden Parapsychologen stark motiviert, hierfür Gründe zu nennen. Wenn die Untersuchung durch einen skeptischen Psychologen überwacht wurde, oder wenn ein Ungläubiger bloßer Beobachter war, dann besteht die Lieblingsentschuldigung darin, eine Art von 'Catch 22' anzurufen: Skepsis zerstört das feingesponnene Wirken von PSI. (. . .) 'Catch 23' behauptet, daß PSI-Kräfte negativ durch Komplexität beeinflußt werden. Wie Rhine es einst ausdrückte: 'Aufwendige Vorsichtsmaßnahmen fordern ihren Tribut. Experimentatoren, die auf diesem Gebiet lange gearbeitet haben, konnten beobachten, daß die Trefferquote sinkt, wenn das Experiment kompliziert, schwierig und schwerfällig wird. (. . .) Vorsichtsmaßnahmen verwirren.' 'Catch 23' zeigt ein wahrhaft bemerkenswertes Ergebnis. Es macht es unmöglich, PSI-Kräfte durch solche Untersuchungen dingfest zu machen, die für die Skeptiker, nämlich die weitaus größte Mehrheit der professionellen Psychologen, überzeugend sind. Solange

Untersuchungen informell sind und schlampig kontrolliert werden, erhält man die gewünschten Resultate. Wenn die Kontrollen verschärft werden, wird das Experiment unvermeidlich kompliziert und die Trefferquoten sinken."

Und noch prägnanter (*Gardner* 1983, S. 93):

„Seltsamerweise sieht Taylor (ein englischer 'Paraphysiker'; H.W.B.) niemals etwas, das sich verbiegt, noch war er jemals in der Lage, tatsächliches Biegen auf Videoband festzuhalten. Er nennt dies den 'Schüchternheits-Effekt'. Biegen tritt gewöhnlich nur dann auf, wenn niemand zusieht. Er gibt seinen Schulkindern roh versiegelte Röhren mit, die einen geraden Metallstab enthalten. Die Kinder nehmen die Röhren mit nach Hause und kommen mit einem gebogenen Stab zurück. Aus irgendwelchen Gründen, die Taylor nie herauszufinden vermochte, sind die Kinder nur dann erfolgreich, wenn die Röhren unzulänglich versiegelt waren."

Es dürfte offensichtlich sein, daß Wissenschaftler, die solch sensible Bereiche erforschen, sich keine kritische Einstellung leisten können. Denn dadurch würde das feine Wirken von PSI zerstört, Schüchternheits-Effekte würden erzeugt, Folgen also, die das ganze Forschungsunternehmen in Frage stellten.

Selbstverständlich sind kritische (und unkritische) Einstellungen von Wissenschaftlern zu Theorien kein Merkmal von Theorien selbst und insofern ist es vielleicht auch irreführend, im Zusammenhang von Gehaltsfragen solche Phänomene zu behandeln. Andererseits kann vernünftigerweise kaum daran gezweifelt werden, daß Eigenschaften von Wissenschaftlern (und solche des Wissenschaftssystems) für die Entstehung und Entwicklung von Theorien zumindest ebenso wichtig sind wie die logischen oder semantischen Eigenschaften der Theorien selbst.

§ 3: Der Erkenntniswert analytischer Sätze: logische und erkenntnistheoretische Aspekte

In diesem Paragraphen will ich untersuchen, welchen Erkenntniswert solche Sätze haben, die logisch wahr sind oder die in logisch wahre Sätze überführt werden können.

Den Ausdruck „logisch wahrer Satz" möchte ich zunächst so charakterisieren: Ein Satz ist logisch wahr genau dann, wenn er wahr ist und unter jeder 'Reinterpretation' der in ihm vorkommenden nicht-logischen (d.h. deskriptiven) Komponenten wahr bleibt (vgl. *Quine* 1961, S. 22 f.; *Quine* 1970, S. 47 ff.).

Zwei einfache Beispiele für solche Sätze sind:

(1) L. Ron Hubbard ist ein Wissenschaftler oder es ist nicht der Fall, daß L. Ron Hubbard ein Wissenschaftler ist.[1]

(2) Wenn alle Wissenschaftler Wahrheitssucher sind und L. Ron Hubbard ein Wissenschaftler ist, dann ist L. Ron Hubbard ein Wahrheitssucher.

Daß (1) und (2) solche Sätze sind, läßt sich nun — wie oben schon angedeutet — dadurch zeigen, daß ihre Wahrheit nachgewiesen wird, und daß nachgewiesen wird, daß sie unter jeder Reinterpretation auch wahr bleiben.

Versuchen wir nun, nachzuweisen, daß (1) wahr ist. Nehmen wir an, Hubbard sei ein Wissenschaftler. Wenn dies zutrifft, dann ist (1) offensichtlich wahr. (1) ist jedoch auch dann wahr, wenn die Annahme, Hubbard sei ein Wissenschaftler, nicht zutrifft, wenn also die Annahme, es sei nicht der Fall, daß Hubbard ein Wissenschaftler ist, zutrifft. (1) ist mithin wahr, und daß (1) wahr ist, können wir allein durch Nachdenken feststellen. Nun wollen wir (1) reinterpretieren. Die Reinterpretation eines Satzes besteht in der Substitution der in ihm vorkommenden nicht-logischen Komponenten. Welche Komponenten in (1) deskriptiv sind, kann man sich dadurch klarmachen, daß man die Frage beantwortet, welche in (1) vorkommenden 'Teilsätze' etwas behaupten. Offensichtlich behauptet der Teilsatz „L. Ron Hubbard ist ein Wissenschaftler" etwas: er behauptet, daß L. Ron Hubbard ein Wisssenschaftler ist.

[1] Über die wissenschaftlichen Leistungen Hubbards informiert *Gardner* (1957, S. 263 ff.).

Dieser Satz kommt in (1) zweimal vor (beim zweiten Mal wegen der grammatischen Konjunktion „daß“ in einer grammatischen Variante). Nicht-deskriptive Komponenten von (1) sind mithin die Ausdrücke „oder“ und „es ist nicht der Fall, daß“. Eine Reinterpretation von (1) führt z. B. zu:

(1‘) π ist eine rationale Zahl oder es ist nicht der Fall, daß π eine rationale Zahl ist.

Auch dieser Satz ist — offensichtlich — wahr. Bei dieser Behauptung müssen wir nicht rekurrieren auf die zahlentheoretische Wahrheit „es ist nicht der Fall, daß π eine rationale Zahl ist“, sondern es genügt wiederum — wie bei (1) — allein das Nachdenken über diesen Satz.

Wenden wir uns nun (2) zu. Daß (2) wahr ist, möchte ich dadurch zeigen, daß ich annehme, er sei falsch, und daß diese Annahme zu absurden Ergebnissen führt („reductio ad absurdum“). (2) ist ein Konditionalsatz; er ist als Konditionalsatz falsch genau dann, wenn sein ‘Antecedens‘ (d. h. der Satz oder die Sätze zwischen „wenn“ und „dann“) wahr ist und sein ‘Consequens‘ (d.h. der Satz oder die Sätze nach „dann“) falsch ist. Daß ein Konditionalsatz diese Eigenschaft hat, kann man sich leicht anhand eines sehr einfachen Beispiels klarmachen. Nehmen wir etwa den Satz „Wenn ich eine Tochter habe, dann bin ich Vater“. Dieser (trivial-)wahre Satz ist — offensichtlich — genau dann falsch, wenn ich eine Tochter habe, jedoch kein Vater bin. Das Consequens von (2), nämlich „L. Ron Hubbard ist ein Wahrheitssucher“, ist falsch genau dann, wenn L. Ron Hubbard kein Wahrheitssucher ist. Den im Antecedens vorkommenden Satz „Alle Wissenschaftler sind Wahrheitssucher“ können wir naheliegenderweise paraphrasieren als „Wenn irgendeine Person, wer sie auch sei, ein Wissenschaftler ist, dann ist diese Person ein Wahrheitssucher“. L. Ron Hubbard ist eine Person. Da die Person L. Ron Hubbard — wie ja im zweiten Satz des Antecedens behauptet wird — ein Wissenschaftler ist, ist folglich L. Ron Hubbard ein Wahrheitssucher. Dies jedoch widerspricht der Annahme, L. Ron Hubbard sei kein Wahrheitssucher. Die Annahme, (2) sei falsch, führt also zu einem Widerspruch, zu einer Absurdität. Damit ist gezeigt, daß (2) wahr ist. Gezeigt wurde dies wiederum durch reines Nachdenken. Nun wollen wir (2) reinterpretieren. Die in ihm vorkommenden deskriptiven Komponenten sind „Alle Wissenschaftler sind Wahrheitssucher“, „L. Ron Hubbard ist ein Wissenschaftler“ und „L. Ron Hubbard ist ein Wahrheitssucher“.

Die Substitution dieser in (2) vorkommenden deskriptiven Komponenten ist jedoch mit mehr Vorsicht durchzuführen als die der in (1) vorkommenden. Wenn z. B. die eben genannten Sätze substituiert werden durch „Die Friedensbewegung lehnt die Stationierung von weiteren nuklearen Waffen auf dem Gebiet der Bundesrepublik Deutschland ab“ respektive „Die Friedensbewegung wird sehr ernst genommen durch die Regierungsparteien der Bundesrepublik Deutschland“ respektive „Die Regierungsparteien der Bundesrepublik Deutschland lehnen die Stationierung von weiteren nuklearen Waffen auf dem Gebiet der Bundesrepublik Deutschland ab", dann entsteht aus (2) der falsche Satz:

> Wenn die Friedensbewegung die Stationierung weiterer nuklearer Waffen auf dem Gebiet der Bundesrepublik Deutschland ablehnt und die Regierungsparteien der Bundesrepublik Deutschland die Friedensbewegung sehr ernst nehmen, dann lehnen die Regierungsparteien der Bundesrepublik Deutschland die Stationierung weiterer nuklearer Waffen auf dem Gebiet der Bundesrepublik Deutschland ab.

Diese Substitution ist inadäquat insofern, als die logische Form der Substituenden nicht berücksichtigt wurde. „Alle Wissenschaftler sind Wahrheitssucher" hat eine andere logische Form als „die Friedensbewegung lehnt die Stationierung weiterer nuklearer Waffen auf dem Gebiet der Bundesrepublik Deutschland ab". Um dies zu erkennen, genügt schon eine intuitive Idee der logischen Form (von der ich im übrigen schon Gebrauch gemacht habe in dem Sinne, daß ich zwischen logischen und deskriptiven Komponenten unterschieden habe).

Was sind die logischen Komponenten der Teilsätze von (2), die ich oben „deskriptive Komponenten" genannt habe? Betrachten wir zunächst „Alle Wissenschafler sind Wahrheitssucher". Die logischen Komponenten dieses Satzes sind sicher nicht die Worte „Wissenschaftler" und „Wahrheitssucher", so daß nur „alle„ und „sind" als Kandidaten für logische Komponenten in Frage kommen. Analog hierzu sind in „L. Ron Hubbard ist ein Wissenschaftler" und in „L. Ron Hubbard ist ein Wahrheitssucher" der (zweimal vorkommende) Namen und die Wörter „Wissenschaftler" und „Wahrheitssucher" ebenfalls keine logischen Komponenten, so daß lediglich in beiden Fällen „ist ein" als logische Komponente in Frage kommt.

Satz (2) läßt sich nun, aller deskriptiven Komponenten entledigt, so schreiben:

> Wenn: (Alle — — sind —.—) und (. . . ist ein — —), dann: . . . ist ein —.—.

In diesem 'Schema' (vgl. *Quine* 1982, S. 33, S. 112, S. 153) markieren die Leerstellen die Stellen, an denen deskriptive Komponenten eingesetzt werden sollen. Die Einsetzung soll dabei so geschehen, daß der durch die Einsetzung entstehende Satz grammatikalisch korrekt ist und daß in die erste und vierte, in die zweite und sechste und in die dritte und fünfte Leerstelle jeweils der gleiche Ausdruck eingesetzt wird. Übersichtlicher wird dieses Schema dadurch, daß statt der Leerstellen schematische Buchstaben respektive (Individuen-)Konstanten geschrieben werden:

> Wenn: (Alle P sind Q) und (a ist ein P), dann gilt: a ist ein Q.

Mit Hilfe einer halb-symbolischen Notation kann dieses Schema so geschrieben werden:

(II) [*(x) (x* ist ein *P* → *x* ist ein *Q)* & *a* ist ein *P*] → *a* ist ein *Q*.

Nun ist es einfach, (2) angemessen zu reinterpretieren. Wir setzen für „*P*" und „*Q*" Namen von Mengen und für „*a*" einen Individuennamen oder eine Kennzeichnung (Beschreibung) ein. Durch eine solche Einsetzung erhalten wir zum Beispiel:

[*(x) (x* ist eine soziale Beziehung → *x* ist eine eigentumsrechtlich-kontraktuelle Transferbeziehung) & die Beziehung zwischen Romeo und Julia ist eine soziale Beziehung] → die Beziehung zwischen Romeo und Julia ist eine eigentumsrechtlich-kontraktuelle Transferbeziehung.[2]

In die Alltagssprache rückübersetzt lautet der obige Satz:

(2') Wenn alle sozialen Beziehungen eigentumsrechtlich-kontraktuelle Transferbeziehungen sind und die Beziehung zwischen Romeo und Julia eine soziale Beziehung ist, dann ist die Beziehung zwischen Romeo und Julia eine eigentumsrechtlich-kontraktuelle Transferbeziehung.

Dieser Satz ist eine korrekte Reinterpretation von (2). Der Nachweis seiner Wahrheit ist analog zu dem der Wahrheit von (2) zu führen.

Wir können nun den Begriff der logischen Form einführen: Die logische Form eines (deklarativen) Satzes besteht genau in den in diesem Satz vorkommenden logischen Komponenten und in deren Anordnung. Die in einem Satz vorkommenden logischen Komponenten und deren Anordnung wird eindeutig bestimmt durch das dem Satz zugrundeliegende Schema, so daß wir auch sagen können: Die logische Form eines Satzes besteht genau in dem Schema, das diesem Satz zugrundeliegt. Dabei ist — wie schon gesagt wurde — zu beachten, daß die in einem Schema vorkommenden Buchstaben oder Leerstellen nichts bezeichnen, daß sie keine Gegenstandsausdrücke sind, sondern lediglich die Orte anzeigen, an denen deskriptive Komponenten einzusetzen sind.

Die logische Form von (1) zu charakterisieren ist nun sehr einfach. Sie ist identisch mit dem Schema:

— — oder es ist nicht der Fall, daß — —,

das in symbolischer Notation und mit Hilfe schematischer Buchstaben geschrieben werden kann als:

(I) $p \vee -p$.

---

[2] Zu der Bildung des Ausdrucks „eigentumsrechtlich-kontraktuelle Transferbeziehung" bin ich durch eine Formulierung von *Pejovich* (1979, S. 15, S. 41) angeregt worden.

In diesem Schema zeigt der schematische Buchstabe „p" die Stellen an, an denen Sätze einzusetzen sind. Durch die Einsetzung von Sätzen, korrekter formuliert: durch die Einsetzung zweier Vorkommnisse eines Satztyps, entsteht aus (I) ein Satz. Jeder Satz, der durch eine derartige Einsetzung aus (I) entsteht, ist logisch wahr, hat dieselbe logische Form.

(I) und (II) sind gültige Schemata. (I) ist junktorenlogisch (wahrheitsfunktionell) gültig, da seine Gültigkeit lediglich von den Junktoren „oder" („v") und „es ist nicht der Fall, daß" („-") abhängt. (II) ist quantorenlogisch (quantifikational) gültig, da seine Gültigkeit abhängt nicht nur von den Junktoren, sondern auch von dem Quantor „alle" *(„(x)");* außerdem spielt in (II) die Form der 'Teilschemata' (die den in (2) enthaltenen Teilsätzen korrespondieren) eine Rolle. Die Struktur solcher Teilschemata wird nur in der Quantorenlogik untersucht. Von Sätzen, die aus gültigen Schemata erzeugt werden, kann man auch sagen, daß in ihnen nur die logischen, nicht aber die deskriptiven Komponenten wesentlich vorkommen (vgl. *Quine* 1951, S. 1 f., S. 28; *Quine* 1963, S. 387; *Quine* 1976, S. 80 ff.). Ein Beispiel für einen Satz, in dem auch die deskriptiven Komponenten wesentlich vorkommen, ist:

(3) Wenn alle irrationalen Zahlen reelle Zahlen sind und π eine reelle Zahl ist, dann ist π eine irrationale Zahl.

Dieser Satz ist schon deshalb wahr, weil seine Consequens wahr ist. Er ist jedoch keine logische Wahrheit, wie sich durch eine Reinterpretation schnell zeigen läßt. „Irrationale Zahl(en)", „reelle Zahl(en)" und „π" werden substituiert durch „Mitglied(er) des deutschen Bundestages" respektive „Politiker" respektive „Ronald Reagan" so daß der Satz entsteht:

(3') Wenn alle Mitglieder des deutschen Bundestages Politiker sind und Ronald Reagan Politiker ist, dann ist Ronald Reagan Mitglied des deutschen Bundestages.

Dieser Satz ist eindeutig falsch, da sein Antecedens war, sein Consequens jedoch falsch ist. (3) ist also — obschon wahr — nicht logisch wahr.

Die deskriptiven Komponenten in (3) und (3') kommen wesentlich vor insofern, als ihr Vorkommen über die Wahrheitswerte dieser Sätze mitentscheidet. Aus dem ungültigen Schema:

(III) [(*x* ist ein *P* $\rightarrow$ *x* ist ein *Q)* & *a* ist ein *Q*] $\rightarrow$ *a* ist ein *P*,

das die logische Form von (3) und (3') repräsentiert, ist einmal der wahre Satz (3), das andere mal der falsche Satz (3') zu gewinnen. Daß (3) wahr, (3') jedoch falsch ist, kann nicht dadurch entschieden werden, daß die diesen Sätzen zugrundeliegende logische Form identifiziert wird, daß diese Sätze logisch analysiert werden, daß über diese Sätze nur nachgedacht wird, sondern dadurch, daß von außerlogischem Wissen Gebrauch gemacht wird.

Bei der Beurteilung der Wahrheitswerte der Sätze (1), (1'), (2) und (2') ist außerlogisches Wissen, also Wissen über L. Ron Hubbard, Wissenschaftler, Wahrheitssucher, soziale Beziehungen, eigentumsrechtlich-kontraktuelle Transferbeziehungen und die Beziehung zwischen Romeo und Julia, völlig irrelevant.

Die Frage, ob oder inwieweit logisch wahre Sätze Erkenntniswert besitzen, ist bis jetzt allenfalls andeutungsweise beantwortet worden. Den Versuch, diese Andeutungen zu verschärfen, möchte ich im Augenblick zugunsten einer Vorstellung der Sätze zurückstellen, die mittels Definitionen auf logisch wahre Sätze zurückgeführt werden können und die ich, *Frege* (1884, S. 4) und *Quine* (1961, S. 26 f.; 1976 a, S. 79, S. 87) folgend, als „analytisch" bezeichne.

Betrachten wir z. B. den folgenden Satz:

(4) Für alle Alternativen *x*, für alle Alternativen *y* gilt: Zwischen *x* und *y* besteht Indifferenz oder *x* wird *y* vorgezogen oder *y* wird *x* vorgezogen.

Daß (4) keine logische Wahrheit ist, kann leicht durch eine Reinterpretation gezeigt werden:

(4') Für alle Mengen *X*, für alle Mengen *Y* gilt: *X* ist identisch mit *Y* oder *X* ist eine echte Teilmenge von *Y* oder *Y* ist eine echte Teilmenge von *X*.

Es gibt jedoch mindestens eine Menge *X* und mindestens eine Menge *Y*, z. B. $X_i = \{1, 2, 3\}$ und $Y_i = \{4, 5, 6\}$, so daß X_i nicht identisch mit Y_i ist, X_i nicht echte Teilmenge von Y_i ist und Y_i nicht echte Teilmenge von X_i ist.

Aufgrund des Ergebnisses dieser Reinterpretation könnte man vielleicht vermuten, (4) sei logisch falsch (kontradiktorisch). Daß diese Vermutung unzutreffend ist, läßt sich leicht durch eine weitere Reinterpretation beweisen:

(4") Für alle natürlichen Zahlen *x*, für alle natürlichen Zahlen *y* gilt: *x* ist gleich *y* oder *x* ist größer als *y* oder *y* ist größer als *x*.

(4) läßt sich jedoch — obschon selbst nicht logisch wahr — unter Rückgriff auf eine prominente Theorie[3] in eine logische Wahrheit transformieren. Diese Theorie, nennen wir sie „Theorie der minimalen Rationalität I" („TMR I"), besteht aus zwei Axiomen, die die (strikte) Konnexität und die Transitivität der Relation der schwachen Präferenz im Alternativenraum, d.h. der Menge der Alternativen behaupten, sowie aus zwei Definitionen, die die Relationsprädikate „zwischen *x* und *y* besteht Indifferenz" und „*x* wird *y* (strikt) vorgezogen" einführen:

(TMR I) (A1) Für alle Alternativen *x*, für alle Alternativen *y* gilt: *x* wird *y* schwach vorgezogen oder *y* wird *x* schwach vorgezogen.

---

[3] *Arrow* (1963, S. 13 ff.).

(A2) Für alle Alternativen *x*, für alle Alternativen *y*, für alle Alternativen *z* gilt: Wenn *x y* schwach vorgezogen wird und *y z* schwach vorgezogen wird, dann wird *x z* schwach vorgezogen.

(D1) Für alle Alternativen *x*, für alle Alternativen *y* gilt: *x* wird *y* (strikt) vorgezogen genau dann, wenn *y x* nicht schwach vorgezogen wird.

(D2) Für alle Alternativen *x*, für alle Alternativen *y* gilt: Zwischen *x* und *y* besteht Indifferenz genau dann, wenn *x y* schwach vorgezogen wird und *y x* schwach vorgezogen wird.

Als Definitionen gestatten (D1) und (D2) von (TMR I) die Elimination der Ausdrücke „*x* wird *y* (strikt) vorgezogen" und „zwischen *x* und *y* besteht Indifferenz" zugunsten ihrer jeweiligen definitionalen Äquivalente in jedem (extensionalen) Kontext. (TMR I)-(D1) und (TMR I)-(D2) erlauben also die Überführung von (4) in:

(5) Für alle Alternativen *x*, für alle Alternativen *y* gilt: (*x* wird *y* schwach vorgezogen und *y* wird *x* schwach vorgezogen) oder (*y* wird *x* nicht schwach vorgezogen) oder (*x* wird *y* nicht schwach vorgezogen).

Dieser Satz ist wahr allein aufgrund seiner logischen Form, er ist eine (quantifikationale) logische Wahrheit. Jede Reinterpretation von (5) erzeugt einen weiteren wahren Satz, so z. B.:

(5') Für alle Personen *x*, für alle Personen *y* gilt: (*x* ist affektiv abhängig von *y* und *y* ist affektiv abhängig von *x*) oder (*y* ist nicht affektiv abhängig von *x*) oder (*x* ist nicht affektiv abhängig von *y*).

oder

(5") Für alle Kognitionen *x*, für alle Kognitionen *y* gilt: (*x* ist konsonant mit *y* und *y* ist konsonant mit *x*) oder (*y* ist nicht konsonant mit *x*) oder (*x* ist nicht konsonant mit *y*).

(5), (5') und (5") weisen dieselbe logische Form auf, die durch das folgende gültige Schema indiziert wird:

(IV) $(x)\ (y)\ ((\langle x,y\rangle \text{ ist } P\ \&\ \langle y,x\rangle \text{ ist } P)\ \text{v-}\ (\langle y,x\rangle \text{ ist } P)\ \text{v-}\ (\langle x,y\rangle \text{ ist } P).$

Jeder Satz, der aus diesem Schema dadurch gewonnen wird, daß an die Stelle des Prädikatbuchstabens „*P*" ein zweistelliges Prädikat eingesetzt wird, ist logisch wahr.

Der nicht logisch wahre Satz (4) kann also mit Hilfe einer Theorie, nämlich (TMR I), in den logisch wahren Satz (5) überführt werden. Bei dieser Überführung (die im übrigen nicht mit einer Reinterpretation verwechselt werden darf!) wurden lediglich die beiden Definitionen, nicht aber die beiden Axiome benötigt.

Betrachten wir nun eine zweite Theorie der minimalen Rationalität, (TMR II). Diese behauptet die Transitivität, die Asymmetrie und — daraus folgend — die Irreflexivität der Relation der (strengen) Präferenz, die Transitivität, die Symmetrie und — daraus folgend — die Reflexivität der Relation der Indifferenz, sowie die 'Indifferenz-Irreflexivität' und die 'Indifferenz-Konnexität' der Relation der Präferenz (jeweils im Alternativenraum). Eine Definition führt das zweistellige Prädikat „*x* wird *y* schwach vorgezogen" ein. Diese Theorie ist also ein vollkommenes Analogon zur elementaren Zahlentheorie, in der dieselben Eigenschaften von den Relationen „größer als" und „gleich" behauptet werden; vgl. *Tarski* 1965, S. 155 ff.).

(TMR II) (A1) Für alle Alternativen *x*, für alle Alternativen *y*, für alle Alternativen *z* gilt: Wenn *x y* vorgezogen wird und *y z* vorgezogen wird, dann wird *x z* vorgezogen.

(A2) Für alle Alternativen *x*, für alle Alternativen *y* gilt: Wenn *x y* vorgezogen wird, dann wird *y x* nicht vorgezogen.

(A3) Für alle Alternativen *x*, für alle Alternativen *y*, für alle Alternativen *z* gilt: Wenn zwischen *x* und *y* Indifferenz besteht und zwischen *y* und *z* Indifferenz besteht, dann besteht zwischen *x* und *z* Indifferenz.

(A4) Für alle Alternativen *x*, für alle Alternativen *y* gilt: Wenn zwischen *x* und *y* Indifferenz besteht, dann besteht zwischen *y* und *x* Indifferenz.

(A5) Für alle Alternativen *x*, für alle Alternativen *y* gilt: Wenn zwischen *x* und *y* Indifferenz besteht, dann wird *x y* nicht vorgezogen.

(A6) Für alle Alternativen *x*, für alle Alternativen *y* gilt: Zwischen *x* und *y* besteht Indifferenz oder *x* wird *y* vorgezogen oder *y* wird *x* vorgezogen.

(D1) Für alle Alternativen *x*, für alle Alternativen *y* gilt: *x* wird *y* schwach vorgezogen genau dann, wenn *x y* vorgezogen wird oder zwischen *x* und *y* Indifferenz besteht.

Wie sogleich zu erkennen ist, ist (A6) von (TMR II) identisch mit (4). Zwar ist (4) mit Hilfe von (D1) und (D2) aus (TMR I) in eine logische Wahrheit überführbar, nicht aber mit Hilfe von (D1) aus (TMR II).

Betrachten wir nun den folgenden Satz:

(6) Für alle Alternativen *x*, für alle Alternativen *y* gilt: (*x* wird *y* nicht vorgezogen und zwischen *x* und *y* besteht keine Indifferenz) oder (*x* wird *y* schwach vorgezogen).

Dieser Satz ist keine logische Wahrheit. (Der Beweis soll hier nicht geführt werden.) Jedoch kann er in eine solche — mit Hilfe von (TMR II)-(D1) — überführt werden. Dazu substituieren wir — legitimiert durch diese Definition — „*x* wird *y* schwach vorgezogen" durch sein definitionales Äquivalent. Es entsteht:

(7) Für alle Alternativen *x*, für alle Alternativen *y* gilt: (*x* wird *y* nicht vorgezogen und zwischen *x* und *y* besteht keine Indifferenz) oder (*x* wird *y* vorgezogen oder zwischen *x* und *y* besteht Indifferenz).

Der Beweis, daß (7) eine logische Wahrheit ist, ist dem, daß (5) logisch wahr ist, ähnlich. Daher will ich auf ihn verzichten; es sollen lediglich eine Reinterpretation, (7'), und das mit (7) und (7') korrespondierende — gültige — Schema vorgestellt werden:

(7') Für alle Personen *x*, für alle Personen *y* gilt: (*x* ist nicht attraktiver als *y* und *x* ist nicht einflußreicher als *y*) oder (*x* ist attraktiver als *y* oder *x* ist einflußreicher als *y*).

(IV) Für alle *x*, für alle *y* gilt: (Zwischen *x* und *y* besteht nicht die Relation *R* und zwischen *x* und *y* besteht nicht die Relation *S*) oder (zwischen *x* und *y* besteht die Relation *R* oder zwischen *x* und *y* besteht die Relation *S*).

Die Definitionen (TMR I)-(D1), (TMR I)-(D2) und (TMR II)-(D1) sind 'legislative Definitionen' (vgl. *Quine* 1961, S. 24 ff.; *Quine* 1963, S. 394). Solche Definitionen führen Notationen ein, die bis zum Zeitpunkt der Einführung nicht oder abweichend von der vorgeschlagenen Praxis oder mehrdeutig verwendet wurden. Der Akt der Einführung solcher Definitionen ist zunächst möglicherweise rein konventionell-stipulativ, doch sind diese Definitionen — zumindest retrospektiv — im Hinblick auf die mit ihnen erzielten respektive erreichbaren theoretischen Ergebnisse wie Fruchtbarkeit, Einfachheit usw. durchaus komparativ beurteilbar. 'Diskursive Definitionen' dagegen sind Behauptungen über die mutmaßliche oder tatsächliche Verwendung von Notationen. Beispiele hierfür sind die meisten Wörterbuchdefinitionen.

Nun führe ich das Prädikat „legislativ-analytisch (relativ auf eine Theorie T)" ein: Ein Satz ist legislativ-analytisch relativ auf eine Theorie *T* genau dann, wenn er mittels mindestens einer der Definitionen von *T* (qua Substitution) in einen logisch wahren Satz überführt werden kann. Statt von „legislativ-analytisch (relativ auf eine Theorie *T*)" kann kürzer auch von

„*T*-legislativ-analytisch“ gesprochen werden. Die Sätze (5) und (6) sind demgemäß als „(TMR I)-legislativ-analytisch“ respektive als „(TMR II)-legislativ-analytisch“ charakterisierbar.

Da der Ausdruck „*T*-legislativ-analytisch“ immer noch umständlich und außerdem ästhetisch wenig ansprechend ist, möchte ich ihn durch „analytisch“ ersetzen; wenn es notwendig erscheint, werde ich hinzufügen: „relativ auf die Definition . . . der Theorie — —“.

Nun muß freilich beachtet werden, daß die Menge der Sätze, die von mir als „analytisch“ bezeichnet werden, nicht identisch ist mit der Menge der Sätze, die traditionellerweise — wenn auch nicht unwidersprochen — so genannt werden. Unter die Extension des traditionellen Analytizitätsbegriffs fallen z. B. Sätze wie:

(a) Alle Körper sind ausgedehnt (*Kant* 1956, S. 45/45*).
(b) Wenn Jack ein Junggeselle ist, dann ist er nicht verheiratet (*Carnap* 1956, S. 222).
(c) Alle Väter sind Eltern (*Chisholm* 1977, S. 57).
(d) Alle Füchsinnen sind Füchse (*Putnam* 1962, S. 366).
(e) (Alle) Tiger sind gestreift (*Putnam* 1975, S. 250).

Dieser traditionelle, auf *Kant* zurückgehende Analytizitätsbegriff ist mit einigen erheblichen Problemen belastet, mit Problemen, die vor allem daraus resultieren, daß er auf Sätze natürlicher Sprachen respektive der Alltagssprache gemünzt ist (vgl. *Quine* 1961; *Putnam* 1962; *Putnam* 1975).

Kant (1956, S. 45*) nennt als Beispiel eines „analytischen Urteils“ den Satz „Alle Körper sind ausgedehnt“. Als Beispiel eines „synthetischen Urteils“ führt er „Alle Körper sind schwer“ an.

„Die ersteren könnte man auch Erläuterungs-, die andern Erweiterungs-Urteile heißen, weil jene durch das Prädikat nichts zum Begriff des Subjekts hinzutun, sondern diesen nur durch Zergliederung in seine Teilbegriffe zerfällen, die in selbigen schon (*obgleich* verworren) gedacht waren: dahingegen die letzteren zu dem Begriffe des Subjekts ein Prädikat hinzutun, welches in jenem gar nicht gedacht war, und durch keine Zergliederung desselben hätte können herausgezogen werden“ (*Kant* 1956, S. 45*; Hervorhebung im Original).

Angesichts dieser Erläuterung und Begründung fragt man sich, warum *Kant* den einen Satz „analytisch“, den anderen aber „synthetisch“ nennt, oder warum er nicht beide für synthetisch oder beide für analytisch ausgibt. Mit welchem Recht nimmt er an, daß im (grammatischen) Subjekt des Körpers das (grammatische) Prädikat „ausgedehnt“ ‘gedacht‘ ist, nicht aber das (grammatische) Prädikat „schwer“? Mir scheint, daß seine Explikation der analytisch-synthetisch-Dichotomie entweder rein willkürlich (und damit einer rationalen Begründung gar nicht zugänglich) ist, oder daß sie auf fragwürdigen empirischen Annahmen über das Denken und Sprechen von Personen beruht.

Da der Analytizitätsbegriff *Kants* keine Rolle in meiner weiteren Argumentation spielt, will ich auf ihn nicht noch näher eingehen.

Kommen wir nun zu der Frage: Welchen Erkenntniswert haben analytische Sätze? Da ich zwei Arten von analytischen Sätzen unterschieden habe, nämlich einerseits die logisch wahren Sätze und andererseits die Sätze, die mit Hilfe von Definitionen (einer Theorie) in logisch wahre Sätze überführt werden können, dürfte es angemessen sein, die Frage in zwei Teilfragen aufzuspalten: Welchen Erkenntniswert haben logisch wahre Sätze? Welchen Erkenntniswert haben analytische Sätze (im engeren Sinne)?

Betrachten wir zunächst zwei klassische Stellungnahmen, nämlich die von *Leibniz* sowie die von *Hume.*

Leibniz (1956, S. 41) sagt:

„Es gibt ferner zwei Arten von *Wahrheiten: Vernunftwahrheiten und Tatsachenwahrheiten.* Die Vernunftwahrheiten sind notwendig, und ihr Gegenteil ist unmöglich; die Tatsachenwahrheiten sind zufällig, und ihr Gegenteil ist möglich" (Hervorhebungen im Original).[4]

Und bei *Hume* (1975, S. 25) erfahren wir:

„Alle Gegenstände der menschlichen Vernunft oder des Erkenntnisstrebens können naturgemäß in zwei Arten geschieden werden, nämlich in *Beziehungen von Vorstellungen* (englisch: „Relations of Ideas") und in *Tatsachen* (englisch: „Matters of Fact"). Von der ersten Art sind die Wissenschaften der Geometrie, der Algebra und Arithmetik und, kurz gesagt, jede Behauptung, die entweder intuitiv oder demonstrativ gewiß ist. (. . .) Tatsachen, die der zweite Gegenstand der menschlichen Vernunft sind, sind nicht in der gleichen Weise verbürgt, noch ist unsere Evidenz von ihrer Wahrheit, wie groß sie auch sei, von der gleichen Art wie bei der vorhergehenden. Das Gegenteil jeder Tatsache ist immer möglich; denn aus ihr kann niemals ein Widerspruch folgen, und es wird vom Geist mit derselben Leichtigkeit und Deutlichkeit begriffen, als ob es genau so mit der Wirklichkeit übereinstimmte" (Hervorhebungen im Original).

Die Annahme, daß sich *Leibniz* und *Hume,* bei aller unterschiedlicher Ausdrucksweise, unter anderem auch auf den Unterschied logische Wahrheiten/empirische Wahrheiten beziehen, ist sicher nicht unangemessen. Die logischen Wahrheiten sind notwendig *(Leibniz);* die logischen Wahrheiten sind intuitiv oder demonstrativ gewiß, sie sind uns als wahr verbürgt *(Hume).* Dagegen sind die empirischen Wahrheiten zufällig (*Leibniz*), ihr Gegenteil ist möglich (*Leibniz* und *Hume*) und sie sind weder intuitiv noch demonstrativ gewiß (*Hume*).

---

[4] *Kant* (1956, S. 16) scheint diesen Gedanken aufzugreifen, wenn er von der Logik spricht, „wo die Vernunft es nur mit sich selbst zu tun hat".

Der Aspekt, auf den es mir hier ankommt, ist der, daß das Gegenteil von logischen Wahrheiten unmöglich, das Gegenteil von empirischen Wahrheiten jedoch möglich ist. Der modale Ausdruck „möglich/unmöglich“ soll dabei nicht problematisiert werden, er soll intuitiv verwendet werden. Von dem Aspekt der Gewißheit/Ungewißheit werde ich völlig absehen.

Betrachten wir noch einmal eine einfache logische Wahrheit:

(8) Alle liberalen Gesellschaften sind Gesellschaften.

Das 'Gegenteil', also das Negat, dieses Satzes lautet:

-(8) Es gibt mindestens eine liberale Gesellschaft, die keine Gesellschaft ist.

Es ist klar, daß der letzte Satz falsch ist. Er ist logisch falsch, widersprüchlich; insofern drückt er einen 'unmöglichen' Sachverhalt aus.

Betrachten wir dagegen eine (fast) ebenso einfache empirische Wahrheit:

(9) Alle Menschen, die in einer Stoßdosierung 200 mg Blausäure zu sich nehmen, sterben.

Das 'Gegenteil' dieses Satzes ist:

-(9) Es gibt mindestens einen Menschen, der in einer Stoßdosierung 200 mg Blausäure zu sich nimmt, und nicht stirbt.

Auch dieser Satz ist falsch, aber er ist nicht widersprüchlich, jedenfalls nicht widersprüchlich in dem Sinne, in dem -(8) widersprüchlich ist. Er widerspricht sich nicht selbst, sondern steht lediglich im Widerspruch zu einem anderen Satz, nämlich zu (9).

Um zu sehen, daß -(8) falsch ist, müssen wir lediglich -(8) selbst untersuchen; um jedoch zu erkennen, daß -(9) falsch ist, müssen wir um die Wahrheit eines anderen Satzes, nämlich die von (9), wissen.

-(8) bezeichnet allein, für sich genommen, einen unmöglichen Sachverhalt, -(9) dagegen bezeichnet für sich selbst genommen einen durchaus möglichen Sachverhalt. Einen unmöglichen Sachverhalt bezeichnet -(9) nur in Verbindung mit (9). Dies ist ein fundamentaler Unterschied.

Die Diskussion über den Erkenntniswert logisch wahrer Sätze möchte ich nun dadurch weiterführen, daß ich zwei herausragende zeitgenössische Stimmen zu diesem Problem zu Wort kommen lasse: Einerseits die von *Carnap* und *Popper*, andererseits die von *Quine*.

Carnap und *Popper* sind sich, wie wir sehen werden, trotz aller sonstigen Differenzen völlig einig darin, daß die logisch wahren (und analytischen) Sätze keinerlei Erkenntniswert haben, daß sie nichts über die Welt, nichts über die Wirklichkeit, besagen. *Quine* dagegen ist in diesem Punkt etwas zurückhaltender.

Die „Wirklichkeitssätze" bilden den „Kern der Wissenschaft" (*Carnap* 1968, S. IV), dagegen sind die „mathematisch-logischen Sätze . . . ohne Wirklichkeitsgehalt" (ebd.), „sie haben keinen Aussagegehalt, d.h. sie besagen nichts über das Bestehen oder Nichtbestehen irgendeines Sachverhaltes" (*Carnap* 1931, S. 433; vgl. auch *Carnap* 1930/31, S. 23).

Aber warum sagen sie nichts? Die Antwort lautet: „Die Behauptungskraft (englisch: „assertive power") eines Satzes besteht darin, daß er gewisse Zustände ausschließt; je mehr er ausschließt, desto mehr behauptet er" (*Carnap* 1942, S. 151; unter ausdrücklicher Berufung auf *Popper*). Und noch ausführlicher:

„Ein Satz besagt dadurch etwas über die Welt, daß er bestimmte Fälle, die an sich möglich wären, ausschließt, d. h., daß er uns mitteilt, daß die Wirklichkeit nicht zu den ausgeschlossenen Fällen gehört. Je mehr Fälle er ausschließt, desto mehr besagt er. (. . .) Um faktische Erkenntnis zu gewinnen, ist . . . stets ein nicht-logisches Verfahren nötig. Das sehen wir auch, wenn wir diejenigen Sätze betrachten, deren Wahrheit die Logik feststellen kann, also die L-wahren. Ein L-wahrer Satz schließt keine Möglichkeit aus" (*Carnap* 1960, S. 21; mit „L-wahr" ist „logisch wahr" gemeint, H. W. B.).

Popper (1969, S. 15) vertritt die Auffassung, „daß uns ein theoretisch-wissenschaftlicher Satz um so mehr Positives über 'unsere Welt' mitteilt, je eher er aufgrund seiner logischen Form mit möglichen besonderen Sätzen in Widerspruch geraten kann. (Nicht umsonst heißen die Naturgesetze 'Gesetze': Sie sagen um so mehr, je mehr sie verbieten.)" Und an anderer Stelle ganz ähnlich: „. . . Jede 'gute' wissenschaftliche Theorie ist ein Verbot: Sie verbietet, daß bestimmte Dinge eintreten. Je mehr eine Theorie verbietet, desto besser ist sie" (*Popper* 1963 a, S. 36).

Machen wir uns nun klar, warum *Carnap* und *Popper* der Ansicht sind, daß die logisch wahren Sätze keinen „Wirklichkeitsgehalt" haben, daß sie nichts über die Welt besagen, daß sie uns nichts Positives über unsere Welt mitteilen, daß sie keinen Aussagegehalt besitzen.

Carnap (1931, S. 433) gibt eine Begründung, indem er ein simples Beispiel wählt:

„Wenn man zu dem Satz '(Das Ding) *a* ist schwarz' hinzufügt 'oder *a* ist blau', so besagt der Gesamtsatz zwar weniger als der erste Satz, aber immerhin noch etwas. Fügt man dagegen zu dem ersten hinzu 'oder *a* ist nicht schwarz', so besagt der Gesamtsatz überhaupt nichts mehr. Er ist eine Tautologie, d. h. er trifft unter allen Umständen zu. Daher kann aus seiner Mitteilung nicht entnommen werden, welche Beschaffenheit das Ding hat."

Diese Begründung kann man als „informationstheoretisch" bezeichnen: Sätze, die nichts ausschließen, die unter allen Umständen zutreffen, die nichts verbieten (*Popper*), besagen nichts, sie haben keinen Informationswert.

Um diese informationstheoretische Beurteilung der logisch wahren Sätze etwas zu beleuchten, möchte ich eine Mini-Welt vorstellen. Diese Mini-Welt bestehe aus einem Schachbrett mit (den üblichen) 64 Feldern. Auf irgendeinem dieser 64 Felder stehe eine Figur. Wir können nun Behauptungen über den Standort dieser Figur machen, die unterschiedliche Informationswerte haben:

(i) „Die Figur steht auf der oberen Hälfte oder nicht auf der oberen Hälfte." Dieser Satz ist — bezogen auf unsere Mini-Welt — äquivalent dem Satz „Die Figur steht auf der oberen Hälfte oder auf der unteren Hälfte", der wiederum äquivalent ist mit dem Satz „Die Figur steht auf dem Schachbrett". Der Satz — eine junktorenlogische Wahrheit — sagt uns also nicht mehr als daß die Figur auf irgendeinem der 64 Felder steht. Dies aber wissen wir ja schon dadurch, daß wir unsere Mini-Welt auf diese Weise eingeführt haben. Der Satz hat den Informationswert:

$$H(i) = \log_2 \frac{64}{64} = \log_2 1 = 0 \text{ (vgl. \textit{Attneave} 1959, S. 2 ff.)}$$

(ii) „Die Figur steht auf der oberen Hälfte."

Dieser Satz halbiert gegenüber (*i*) die Zahl der möglichen Fälle. Er hat den Informationswert:

$$H(ii) = \log_2 \frac{64}{32} = \log_2 2 = 1.$$

. .
. .
. .

(vi) „Die Figur steht auf der linken Hälfte des linken unteren Quadranten des linken unteren Quadranten".

Dieser Satz schränkt die Zahl der möglichen Fälle auf 2 ein. Dementsprechend kommt ihm der Informationswert

$$H(vi) = \log_2 \frac{64}{2} = \log_2 32 = 5$$

zu.

(vii) „Die Figur steht auf dem linken unteren Quadranten des linken unteren Quadranten."

Dieser Satz gibt uns die für unsere Mini-Welt maximale Information, er schließt von 64 möglichen Fällen 63 aus, er schränkt die Zahl der möglichen Fälle auf 1 ein. Dementsprechend ist sein Informationswert:

$$H(vii) = \log_2 \frac{64}{1} = \log_2 64 = 6.$$

In der Sprache von *Popper* und *Carnap* können wir sagen: Satz *(i)* hat keinerlei Wirklichkeitsgehalt, er besitzt keinerlei Behauptungskraft, er besagt nichts über unsere Mini-Welt (was wir nicht schon wüßten), er verbietet nichts, er schließt nichts aus, während *(vii)* den maximalen Wirklichkeitsgehalt und die maximale Behauptungskraft besitzt, das Höchstmaß besagt, verbietet, ausschließt.

Für den allgemeinen Fall logischer Wahrheiten sieht eine derartige informationstheoretische Deutung um einiges schwieriger aus, daher kann ich innerhalb dieses Paragraphen unmöglich darauf eingehen.

Nunmehr möchte ich die Position *Quines* schildern.

Quines erkenntnistheoretische Einschätzung der logisch wahren Sätze läßt sich durch (zumindest) vier Schlagworte charakterisieren: Konservativismus, Fallibilismus, Gradualismus und Holismus.

Konservativismus:

Wir haben eine „natürliche Tendenz, das Gesamtsystem (der Wissenschaften; H.W.B.) so wenig wie möglich zu stören" (*Quine* 1961, S. 44), wir befolgen die „Maxime der minimalen Verstümmelung" (*Quine* 1970, S. 7, S. 86, S. 100). Wenn Axel B. sein Frühstücksei salzen will, aus dem Salzstreuer aber kein Salz kommt, stehen ihm unter anderen die folgenden erklärenden Hypothesen zur Verfügung: „Der Salzstreuer ist leer". „Das Salz ist naß". „Salz ist spezifisch leichter als Luft". „Salz gehorcht nicht den Gravitationsgesetzen". Die Maxime der minimalen Verstümmelung legt uns nahe, die beiden ersten Hypothesen als Erklärungskandidaten zuzulassen, die beiden letzten jedoch zurückzuweisen, da wir sonst gezwungen wären, einen beträchtlichen Teil unseres naturwissenschaftlichen Wissens aufzugeben. Die logischen Wahrheiten zurückzuweisen käme andererseits einer maximalen Verstümmelung des 'Gesamtsystems' gleich, denn die Logik ist in allen Wissenschaften gegenwärtig, sie ist promiskuitiv, sie ist die Magd aller (*Quine* 1970, S. 98).

Fallibilismus:

Keine Aussage ist revisionsimmun (*Quine* 1961, S. 43), unser Wissen ist nur tentativ, sogar unser Wissen vom Satz des ausgeschlossenen Widerspruchs (*Quine* 1976 b, S. 245); die logischen Wahrheiten sind im Prinzip gegenüber Revisionen nicht weniger offen als die Quantenmechanik oder die Relativitätstheorie (*Quine* 1970, S. 100).

Gradualismus:

Was die Entfernung von relevanter empirischer Evidenz anbelangt, unterscheiden sich logische Wahrheiten und die Wahrheiten der empirischen Wissenschaften lediglich im Grad (*Quine* 1970, S. 100): „Die Hypothesen der Geschichtswissenschaft und der Ökonomie werden bereitwilliger revidiert als die Gesetze der Physik und diese bereitwilliger als die Gesetze von Mathematik und Logik" (*Quine* 1982, S. 2).

Holismus:

„. . . unsere Aussagen über die externe Welt treten nicht einzeln vor das Tribunal der Sinneserfahrung, sondern nur als Körperschaft" (*Quine* 1961, S. 41). Logik, Mathematik und Naturwissenschaft sind Teil eines „organisierten Ganzen, das sich an seinen empirischen Rändern der Beobachtung anpaßt" (*Quine* 1970, S. 100).

Man könnte sagen, daß *Quines* Fallibilismus, Gradualismus und Holismus ein „organisiertes Ganzes" (siehe oben) darstellen. Dieses organisierte Ganze ist meines Erachtens nicht verträglich mit seinem Konservativismus, nämlich mit der „Maxime der minimalen Verstümmelung". Die Logik durchdringt *alle* Wissenschaften. Käme es zu logischen Widersprüchen zwischen gewissen quantenmechanischen Annahmen und etwa dem Satz des ausgeschlossenen Widerspruchs, und man entschlösse sich für die Preisgabe des letzteren, dann wären konsequenterweise alle übrigen Wissenschaften davon betroffen. Das 'Gesamtsystem' wäre maximal verstümmelt. Außerdem, und dieser Einwand wiegt noch schwerer, setzt die Annahme, daß es zu einem Widerspruch zwischen einer Theorie und dem Satz vom ausgeschlossenen Widerspruch kommen kann, eben diesen Satz vom Widerspruch voraus. Zu sagen, zwischen irgendeinem Satz und dem Satz vom ausgeschlossenen Widerspruch bestünde ein Widerspruch, erlaubt gar nicht die Preisgabe des Satzes vom ausgeschlossenen Widerspruch.

Bei der *wohlwollenden* Interpretation der Texte eines Autors geht man gemeinhin so vor, daß man die Texte so rekonstruiert, daß keine Widersprüche auftreten. Auf die zitierten oder paraphrasierten Auffassungen *Quines* über den Erkenntniswert logischer Wahrheiten (verglichen mit dem der empirischen Wahrheiten) bezogen, bedeutet dies, daß man seinem Fallibilismus, Gradualismus und Holismus ein recht geringes Gewicht beimißt. Plausibel, weil widerspruchsfrei, scheint mir allein seine konservative „Maxime der minimalen Verstümmelung" zu sein. Sie besagt ja sinngemäß: Immer wenn zwei Sätze S_i und S_j miteinander logisch unverträglich sind und die Verwerfung von S_j umfangreichere Revisionen des 'Gesamtsystems' zur

Konsequenz hat als die Verwerfung von S_i, dann ist es angemessen, dann ist es richtig, S_j zu verwerfen. Die Verwerfung eines Satzes, der die Revision der Logik, die Suspendierung der logischen Wahrheiten, zur Konsequenz hat, zieht die maximale Revision des 'Gesamtsystems' nach sich. Unter diesem 'erkenntnispragmatischen' (pragmatistischen?) Gesichtspunkt kann man die logischen Wahrheiten als die am schwersten verwerfbaren, am schwersten widerlegbaren Sätze betrachten. Nun aber ist Widerlegbarkeit auch nach Auffassung *Quines* eine (erkenntnistheoretische) Tugend, neben Konservativismus, Bescheidenheit, Einfachheit, Allgemeinheit und Präzision (vgl. *Quine & Ullian* 1978, S. 66, S. 68, S. 69, S. 73, S. 79, S. 98): „. . . irgendein vorstellbares Ereignis . . . muß genügen, um die Hypothese zu widerlegen. Sonst sagt die Hypothese nichts voraus, wird von nichts bestätigt und schenkt uns kein irdisches Gut außer — vielleicht — einem trügerischen Seelenfrieden" (*Quine & Ullian* 1978, S. 81).

Unter der Voraussetzung der oben vorgeschlagenen wohlwollenden Interpretation kann man meines Erachtens nun sagen, daß *Quine* den logisch wahren Sätzen einen Erkenntniswert beimißt. Er sagt ja auch: Die logischen Wahrheiten sind „eher welt-orientiert als sprach-orientiert; dies bewirkt das Prädikat 'wahr'" (*Quine* 1970, S. 97). Doch haben sie von allen Arten von wahren Sätzen den geringsten Erkenntniswert; sie können hinsichtlich ihres Erkenntniswertes von keinen anderen wahren Sätzen unterboten werden.

Ob man sich der Auffassung von *Popper* und *Carnap* oder aber der von *Quine* anschließt, ist nun nicht so entscheidend: Die logisch wahren Sätze haben entweder gar keinen Erkenntniswert, oder sie haben den minimalen Erkenntniswert. Über die Welt sagen sie uns nichts oder aber so wenig, daß Wissenschaften, die über die Welt informieren wollen — und dazu gehören ja auch die Sozialwissenschaften — gut daran tun, logische Wahrheiten nicht mit empirischen Hypothesen zu verwechseln.

Die Antwort auf die Frage nach dem Erkenntniswert analytischer Sätze (im oben charakterisierten engeren Sinne) kann nun verhältnismäßig aufwandsarm gegeben werden. Die analytischen Sätze in diesem Sinne sind ja diejenigen Sätze einer Theorie *T*, die mit Hilfe (mindestens) einer Definition, die zu *T* gehört, in einen logisch wahren Satz überführt werden können.

Was nun ist der Charakter von Definitionen? Was leisten sie? Antworten auf diese Frage finden wir bei *Popper* und bei *Quine*, die sich hier offenbar annähernd einig sind. *Popper* (1979, S. 367) faßt sie auf als „Regeln, durch die Begriffe untereinander umgeformt werden können", als „Abkürzungsregeln für den sprachlichen Ausdruck", die „grundsätzlich entbehrlich" sind. *Quine* (1976 a, S. 78) erklärt, unter Berufung auf *Russell*: „Eine Definition, im strikten Sinne, ist eine Konvention über notationale Abkürzung." Ihre Leistung besteht „nur in der Transformation von Wahrheiten, nicht in ihrer Begründung" (*Quine* 1976 a, S. 88).

Zur Erläuterung möchte ich zwei Beispiele geben.

Erstens: Ein Satz laute:
Die Distanz zwischen Ort *a* und Ort *b* beträgt 2600 m.

In einer Definition wird festgelegt:
Für alle Distanzen *x* gilt: Die Länge der Distanz *x* ist gleich *n* [m] genau dann, wenn die Länge der Distanz *x* gleich $\frac{n}{1000}$ [km] ist.

Aus dem ersten Satz und der Definition läßt sich nun der Satz gewinnen:

Die Distanz zwischen Ort *a* und Ort *b* beträgt 2.6 km.

Die Definition überträgt die Wahrheit (falls der Satz wahr ist) auf den zweiten Satz. Darüberhinaus leistet sie nichts.

Ein zweites Beispiel: Stellen wir uns vor, wir stoßen auf die folgende Formulierung:

> Es gibt genau eine Person *z* und es gibt genau eine Person *w*, so daß *z* nicht identisch ist mit *w* und *z* Elternteil von Peter ist und *z* Elternteil von Paul ist und *w* Elternteil von Peter ist und *w* Elternteil von Paul ist und Peter männlich ist und Peter nicht mit Paul identisch ist.

Dieser recht umfangreiche Satz kann mit Hilfe einer geeigneten Definition (die ich aus Raumgründen nicht anführen werde) überführt werden in den sehr kurzen Satz:

> Peter ist Bruder von Paul.

Auch hier überträgt die Definition Wahrheit, darüberhinaus erlaubt sie beträchtliche Abkürzungen.

Mit diesen wenigen Bemerkungen ist die Leistungsfähigkeit von Definitionen für meine Zwecke genügend gekennzeichnet.

Da Definitionen lediglich Wahrheiten von einem Satz auf einen anderen Satz übertragen (und bisweilen auch Abkürzungen gestatten), zeichnen sie den einen Satz nicht vor dem anderen aus. Die beiden Sätze sind — die Definition vorausgesetzt — völlig gleichwertig. Sie haben denselben Erkenntniswert.

Daraus ergibt sich unmittelbar, daß sich analytische Sätze (in dem von mir intendierten Sinn) in ihrem Erkenntniswert nicht von den logisch wahren Sätzen unterscheiden. Sie haben also entweder überhaupt keinen Erkenntniswert oder einen so geringen, daß er nicht mehr unterboten werden kann.

§ 4: Der Erkenntniswert analytischer Sätze: methodologische Aspekte

In diesem Paragraphen will ich der Frage nachgehen, inwieweit analytische Sätze als Kandidaten für empirische Prüfungen in Frage kommen und inwieweit sie zu Erklärungen und Prognosen geeignet sind.

Daß diese Frage mit einem klaren „Nein“ zu beantworten ist, ist eigentlich offensichtlich. Angesichts der in der soziologischen (und sozialpsychologischen) Literatur herrschenden Konfusion über diese Fragen (vgl. § 1) ist es vielleicht doch angebracht, eine argumentativ gestützte Antwort auf diese Frage zu geben.

In § 3 wurden analytische Sätze charakterisiert als solche Sätze, die entweder wahr sind allein aufgrund ihrer logischen Form oder T-legislativ-analytisch sind, d. h. aufgrund mindestens einer legislativen Definition einer Theorie *T* in logisch wahre Sätze überführt werden können. Als analytisch (relativ auf die 'Theorie der minimalen Rationalität I') stellte sich der folgende Satz heraus:

(1) Für alle Alternativen *x*, für alle Alternativen *y* gilt: Zwischen *x* und *y* besteht Indifferenz oder *x* wird *y* vorgezogen oder *y* wird *x* vorgezogen.

Dieser Satz ist logisch äquivalent mit dem folgenden Satz:

(2) Für alle Alternativen *x*, für alle Alternativen *y* gilt: Wenn *x y* nicht vorgezogen wird und *y x* nicht vorgezogen wird, dann besteht zwischen *x* und *y* Indifferenz.

Dieser Satz soll nun empirisch geprüft werden. In starker Vereinfachung könnten wir sagen, daß uns hierzu zwei methodologische Strategien zur Verfügung stehen: eine falsifikationistische und eine verifikationistische. Bei der falsifikationistischen Strategie suchen wir nach wahren singulären Sätzen, die mit dem zu prüfenden Satz logisch unverträglich sind. Bei der verifikationistischen Strategie suchen wir dagegen nach wahren singulären Sätzen, die 'Instantiationen' des zu prüfenden Satzes sind. Daß beide Strategien, besonders die verifikationistische, in dieser simplifizierten Fassung mit Schwierigkeiten zu kämpfen haben, soll hier völlig außeracht gelassen werden.

Nehmen wir nun an, mit Hilfe bestimmter Beobachtungs- oder Meßverfahren sei es möglich, festzustellen, ob eine bestimmte Person in einem bestimmten Zeitintervall eine Alternative x einer Alternativen y vorzieht (oder umgekehrt) oder ob sie zwischen den beiden Alternativen indifferent ist. Dabei soll offengelassen werden, ob Präferenzen respektive Indifferenzen behavioristisch oder aber kognitivistisch interpretiert werden, ungeachtet der Schwierigkeiten, die mit einer behavioristischen Deutung insbesondere der Indifferenzen verbunden sind (vgl. hierzu etwa *Davidson, Suppes & Siegel* 1957, S. 16 ff.).

Ein falsifizierender Prüfsatz für (2) wäre z. B.:

(3) a wird b nicht vorgezogen und b wird a nicht vorgezogen und zwischen a und b besteht keine Indifferenz.

(Dabei muß den Prädikaten stillschweigend das Subskript „von der Person p respektive für die Person p im Zeitintervall $[t, t']$" angefügt werden.) Die Alternative a sei dabei identisch mit dem Güterbündel <40 Kürbiskerne, 2 Portionen Bärlappsamentee>, die Alternative b sei identisch mit dem Güterbündel <60 Kürbiskerne, 1 Portion Bärlappsamentee>, die Person p sei identisch mit Jürgen H., das Zeitintervall sei der 24.12.1982, 18h-19h.

Dieser (prima-facie-) Basissatz kann mit Hilfe der Definitionen (TMR I)-(D1) und (TMR I)-(D2) in den folgenden Satz überführt werden:

(4) b wird a schwach vorgezogen und a wird b schwach vorgezogen und (b wird a nicht schwach vorgezogen oder a wird b nicht schwach vorgezogen).

Satz (4) ist offenkundig kontradiktorisch, d. h. logisch falsch. Da jeder logisch falsche Satz falsch ist, (4) logisch falsch ist, (4) aus (3), (TMR I)-(D1) und (TMR I)-D2) logisch folgt und (TMR I)-(D1) und (TMR I)-(D2) als Definitionen nach Voraussetzung trivial wahr sind, ist (3) falsch. Jeder andere Satz (3'), der sich von (3) lediglich durch uniforme Substitution der in ihm vorkommenden Individuenkonstanten und der stillschweigend hinzugefügten Subskripte unterschiede, wäre jedoch ebenfalls falsch, d. h. jeder Satz, der als Falsifikator für (2) in Frage käme, wäre falsch. Es wäre absurd, einen Satz mit Hilfe anderer, falscher Sätze zu überprüfen, und es wäre noch absurder, einen Satz zurückzuweisen, weil ein anderer — falscher — Satz mit ihm logisch unverträglich ist. Außerdem impliziert (4) als logisch falscher Satz jeden anderen Satz, also auch Sätze, die mit (2) logisch unverträglich sind. Man wird also (2) im Sinne der falsifikationistischen Strategie als nicht prüfbar (relativ auf (TMR I)) auszeichnen müssen.

Ein verifizierender Prüfsatz für (2) wäre:

(5) a wird b nicht vorgezogen und b wird a nicht vorgezogen und zwischen a und b besteht Indifferenz.

Daraus und aus den beiden Definitionen (TMR I)-(D1) und (TMR I)-(D2) folgt der folgende Satz:

(6) *b* wird *a* schwach vorgezogen und *a* wird *b* schwach vorgezogen und *b* wird *a* schwach vorgezogen und *a* wird *b* schwach vorgezogen.

Logisch äquivalent damit ist:

(7) *b* wird *a* schwach vorgezogen und *a* wird *b* schwach vorgezogen.

Aber (7) ist zu schwach als Verifikator für (2), da er lediglich die Instantiation des Antecedens des quantorenfreien Teils von (2) ist. Wenn wir (7) als Verifikator für (2) akzeptierten, müßten wir auch den Satz

Die Bundesrepublik Deutschland ist eine liberale Demokratie

als Verifikator für den Satz

Alle liberalen Demokratien haben Schwierigkeiten mit der Bereitstellung optimaler Mengen von kollektiven Gütern

akzeptieren. Genauso aber müßten wir ihn als Verifikator für den Satz

Alle liberalen Demokratien haben keine Schwierigkeiten mit der Bereitstellung optimaler Mengen von kollektiven Gütern

gelten lassen. Diese Konsequenz jedoch ist absurd, da ein Satz, der als Prüfsatz dienen soll, zwischen miteinander unverträglichen Sätzen diskrimieren soll. (Unverträglich sind die beiden Sätze allerdings nur, wenn es zumindest eine liberale Demokratie gibt. Aber diese Annahme ist wohl unproblematisch.)

Es scheint also, daß analytische Sätze weder auf falsifikationistische noch auf verifikationistische Weise überprüfbar sind.

Wenden wir uns nun der Frage zu, inwieweit analytische Sätze erklärungstauglich sind.

Nehmen wir etwa an, ein junger Mann namens A. N. Werther werde tot in seiner Wohnung aufgefunden. Die kriminalistischen und forensisch-medizinischen Untersuchungen ergeben, daß Werther eine Dosis von mindestens 200 mg Blausäure (in einer Stoßdosierung) zu sich genommen, im Fernsehen den Film „Edgar Wallace: Der Frosch mit der Maske" gesehen und eine Flasche Müller-Thurgau (Zuckergehalt: 40 g/l) getrunken hat. Die Frage „Warum ist Werther gestorben?" könnte nun durch Hinweis auf die Einnahme von mindestens 200 mg Blausäure, das Anschauen des Edgar-Wallace-Filmes oder das Trinken des (überzuckerten) Weines beantwortet werden.

Aus der toxikologischen Forschung ist bekannt, daß eine Stoßdosierung von 1 mg Blausäure auf 1 kg Körpergewicht innerhalb weniger Minuten zum Tode führt, wenn kein Gegengift (Natriumthiosulfat) gegeben wird.[1] Aus der

---

[1] Diese Information gab mir dankenswerterweise der Facharzt für Anästhesie Dr. Uwe Schewe.

Massenkommunikationsforschung ist *nicht* bekannt, daß die 'Rezeption violenter massenmedialer Kommunikationen' (um die klare und bescheidene Sprache dieser Wissenschaft zu verwenden) zum Tode führt, selbst wenn es sich bei dem 'Rezipienten' um einen sensibilistischen Cineasten handelt, dessen Filmgeschmack an der Ästhetik von Jean-Marie Straub orientiert ist. Und weiter ist aus der Physiologie und der Pathologie der Ernährung *nicht* bekannt, daß der Genuß eines übermäßig 'geschönten' Weines den Tod herbeiführt, selbst wenn es sich bei dem Trinker um einen Diabetiker handeln sollte. Man wird in dem hier vorliegenden Fall aufgrund der verfügbaren empirischen Evidenz eher auf die toxikologische Hypothese „Alle Menschen, die sich eine Blausäurestoßdosis von mindestens 200 mg zuführen (und kein Natriumthiosulfat erhalten), sterben innerhalb weniger Minuten" zurückgreifen als auf die medienkritische Hypothese „Alle Menschen, die einen Edgar-Wallace-film sehen und sensibilistische Cineasten sind, sterben innerhalb weniger Minuten" oder auf die süßreservenkritische Hypothese „Alle Menschen, die eine Flasche Müller-Thurgau mit einem Zuckergehalt von 40 g/l trinken und Diabetiker sind, sterben innerhalb weniger Minuten".

Die Antwort auf die Frage „Warum ist A. N. Werther gestorben?" kann nun so beantwortet werden: „A. N. Werther ist gestorben, weil er 200 mg Blausäure in einer Stoßdosis zu sich genommen hat, ihm kein Gegengift gegeben wurde und weil alle Menschen, die 200 mg Blausäure in einer Stoßdosis zu sich nehmen und kein Gegengift bekommen, sterben". Über eine wahrheitsfunktionelle Interpretation von „weil" läßt sich dieser Satz in eine logische Wahrheit überführen, der das gültige Argument:

(i) Für alle Menschen *x* gilt: Wenn *x* 200 mg Blausäure in einer Stoßdosierung zu sich nimmt und *x* kein Gegengift erhält, dann stirbt *x*.

(ii) A. N. Werther hat 200 mg Blausäure in einer Stoßdosierung zu sich genommen und A. N. Werther hat kein Gegengift erhalten.

(iii) (Daraus folgt:) A. N. Werther ist gestorben.

korrespondiert. Dieses Argument ist eine Erklärung für das Ereignis „A. N. Werther ist gestorben".

(i) wollen wir dabei als Gesetzeshypothese (oder als nomologische Hypothese oder als Gesetz) betrachten, (ii) als eine sogenannte 'Randbedingung' oder als eine sogenannte 'Antecedensbedingung', und (iii) als 'Explanandum(ereignis)' (vgl. *Hempel & Oppenheim* 1948, S. 138; *Hempel* 1965, S. 335 ff.; *Popper* 1969, S. 31 f.).

Ein erklärendes Argument, in dessen Prämissen Satz (2) vorkommt, könnte dementsprechend so aussehen:

(ARG 1) G: Für alle Alternativen *x*, für alle Alternativen *y* gilt: Wenn *x y* nicht vorgezogen wird und *y x* nicht vorgezogen wird, dann besteht zwischen *x* und *y* Indifferenz.

A: *a* wird *b* nicht vorgezogen und *b* wird *a* nicht vorgezogen.

E: (Folglich:) zwischen *a* und *b* besteht Indifferenz.

Aus dem Satz G („G" für „Gesetzesaussage") und aus dem Satz A („A" für „Anfangsbedingung" oder „Antecedensbedingung") ist das Explanandum E folgerbar (durch Allspezialisierung und Modus ponens).

Hempel und *Oppenheim* (1948, S. 136 ff.) haben, zum Teil unter Rückgriff auf Ideen von *Popper,* vier Adäquatsbedingungen, denen Erklärungen genügen sollen, formuliert. Erstens soll das Explanandum eine logische Konsequenz des Explanans sein. Zweitens soll das Explanans mindestens ein allgemeines Gesetz enthalten, das für die Folgerung des Explanandums notwendig ist. Drittens soll das Explanans prinzipiell empirisch überprüfbar sein. Viertens sollen die Sätze, die das Explanans bilden, wahr sein. Die Adäquatheit dieser Adäquatheitsbedingungen setze ich hier der Einfachheit halber voraus.

Die erste Adäquatheitsbedingung wird, wie wir gesehen haben, von (ARG 1) erfüllt. Die zweite Bedingung ist dem Augenschein nach dann erfüllt, wenn man „Gesetze" als Sätze betrachtet, die eine bestimmte syntaktische Form aufweisen wie z. B. „Für alle *x* gilt: Wenn *x* ein *F* ist, dann ist *x* ein *G*". Die dritte Adäquatheitsbedingung ist insofern erfüllt, als mindestens *A* diese Bedingung erfüllt. Und die vierte Bedingung ist nach Voraussetzung erfüllt. (ARG 1) ist also — so scheint es — ein erklärendes Argument.

Substituieren wir nun in den Sätzen von (ARG 1) die deskriptiven Ausdrücke gemäß (D1) und (D2) von (TMR I) durch ihre definitorischen Äquivalente; dadurch erhalten wir:

(ARG 1') G': Für alle Alternativen *x*, für alle Alternativen *y* gilt: Wenn *y x* schwach vorgezogen wird und *x y* schwach vorgezogen wird, dann wird *y x* schwach vorgezogen und *x* wird *y* schwach vorgezogen.

A': *b* wird *a* schwach vorgezogen und *a* wird *b* schwach vorgezogen.

E': (Folglich:) *b* wird *a* schwach vorgezogen und *a* wird *b* schwach vorgezogen.

Wir erkennen sofort, daß in (ARG 1') G' überflüssig ist, da E' mit A' identisch ist (genauer: A' und E' Vorkommnisse ein und desselben Satzes sind) und daher E' allein aus A' gefolgert werden kann. Die zweite Adäquatheitsbedingung ist also nicht erfüllt, da G' — abgesehen davon, daß es sich hierbei um eine logische Wahrheit und damit um die Substitutionsinstanz eines 'logischen Gesetzes', nicht aber um ein 'faktuelles', empirisches Gesetz handelt — für die Folgerung des durch E' beschriebenen Sachverhaltes nicht notwendig ist.

Darüberhinaus ist (ARG 1') intuitiv inadäquat, weil es die erklärungsheischende Frage „Warum ist E' der Fall?" mit dem Satz „Weil A' der Fall ist" beantwortet; und da der Satz A' mit dem Satz E' identisch ist, ist die Antwort lediglich eine Wiederholung der Frage, wenn auch nicht in der grammatikalischen Form des Interrogativs, sondern der des Deklarativs. (ARG 1') ist also eine echte Selbsterklärung. Selbsterklärungen sind nicht nur epistemologisch, sondern auch psychologisch wertlos. Sie fügen der Menge der Überzeugungen, über die eine Person verfügt, grundsätzlich keine Überzeugung hinzu, während dies Erklärungen, die den genannten Adäquatheitskriterien entsprechen, sehr häufig zu leisten vermögen.

ARG 1' wird also aus mehreren Gründen nicht als adäquate Erklärung ausgezeichnet werden können. Diese negative Auszeichnung überträgt sich jedoch auf (ARG 1), wie sich folgendermaßen zeigen läßt:

Aus {G, (D1), (D2)} ist G' folgerbar und aus {G', (D1), (D2)} ist G folgerbar, {G, (D1), (D2)} und {G', (D1), (D2)} sind also äquivalent. Daraus folgt, daß auch G und G' äquivalent sind. Aus {A, (D1)} ist A' folgerbar und aus {A', (D2)} ist A folgerbar; {A, (D1)} und {A', (D1)} sind also äquivalent. Daraus folgt, daß auch A und A' äquivalent sind. Und schließlich ist aus {E, (D2)} E' und aus {E', (D2)} E folgerbar, woraus folgt, daß E und E' äquivalent sind.

Daß G' von {G, (D1), (D2)} logisch impliziert wird, ist offensichtlich, da G' als logisch wahrer Satz von jedem beliebigen Satz respektive von jeder beliebigen Satzmenge impliziert wird. Daß G von {G', (D1), (D2)} logisch impliziert wird, soll nun formell bewiesen werden. Als symbolische Abkürzungen für die Relationsprädikate „*x* wird *y* vorgezogen", „*x* wird *y* schwach vorgezogen" und „zwischen *x* und *y* besteht Indifferenz" verwende ich „*Pxy*" respektive „*Rxy*" respektive „*Ixy*". Ich gebrauche dabei die logischen und metalogischen Zeichen des von *Mates* (1972) verwendeten Ableitungssystems:

1.	$(x)(y)\,(Pxy \leftrightarrow -Ryx)$	$P\,(D1)$
2.	$(x)(y)\,(Ixy \leftrightarrow (Rxy\ \&\ Ryx))$	$P\,(D2)$
3.	$-(x)(y)\,((-Pxy\ \&\ -Pyx) \rightarrow Ixy)$	$P\,(-G)$
4.	$(\exists x) - (y)\,((-Pxy\ \&\ -Pyx) \rightarrow Ixy)$	$3\,E$
5.	$(\exists x)\,(\exists y) - ((-Pxy\ \&\ \text{-}Pyx) \rightarrow Ixy)$	$4\,E$
6.	$-((-Pab\ \&\ -Pba) \rightarrow Iab)$	$5\,ES$
7.	$-Pab\ \&\ -Pba\ \&\ -Iab$	$6\,T$
8.	$Iab \leftrightarrow (Rab\ \&\ Rba)$	$2\,US$
9.	$-Rab \vee -Rba$	$6, 7, 8\,T$

10.	$Pab \leftrightarrow -Rba$	1 *US*
11.	$-Rab$	7, 10 *T*
12.	$Pba \leftrightarrow -Rba$	1 *US*
13.	Rab	7, 12 *T*
14.	$-Rab \,\&\, Rab$	11, 13 *T*
15.	$[-(x)(y)((-Pxy \,\&\, -Pyx) \rightarrow Ixy)] \rightarrow (-Rab \,\&\, Rab)$	3, 14 *K*
16.	$-(-Rab \,\&\, Rab)$	16 *T*
17.	$(x)(y)(-Pxy \,\&\, - Pyx \rightarrow Ixy)$	15, 16 *T*(*Q.E.D.*)

In der obigen Ableitung wurde als dritte Prämisse das Negat der gewünschten Konklusion *G* eingeführt (reductio ad absurdum). Aus den drei Prämissen wurde eine Kontradiktion abgeleitet (in Zeile 14). Durch Konditionalisierung, Einführung einer Tautologie und Modus tollens wurde dann *G* abgeleitet.

Nun soll bewiesen werden, daß die Äquivalenz von {G, (D1), (D2)} und {G', (D1), (D2)} die Äquivalenz von G und G' impliziert. Angenommen, G und G' seien nicht äquivalent. Dann impliziert G nicht G' oder G' nicht G. Da G' logisch wahr ist, impliziert G G'. Daraus folgt, daß G' G nicht impliziert. Dies ist genau dann der Fall, wenn es eine Interpretation J gibt, bei der G' wahr, G jedoch falsch ist. Wenn dies jedoch der Fall ist, dann sind {G, (D1), (D2)} und {G', (D1), (D2)} nicht äquivalent. Dies jedoch ist absurd, denn die Äquivalenz dieser beiden Ausdrücke wurde oben bewiesen. Also ist G äquivalent mit G'.

Die Äquivalenz von A und A' sowie die von E und E' ist analog zu oben beweisbar.

Da die Prämissen von (ARG 1') (nämlich G' und A') den Prämissen von (ARG 1) (nämlich G und A) jeweils äquivalent sind und dies auch für die Konklusionen der beiden Argumente (E' respektive E) gilt, sind die beiden Argumente als ganze ebenfalls miteinander äquivalent. Da (ARG 1') jedoch inadäquat ist, ist auch (ARG 1) — entgegen dem ersten Eindruck! — inadäquat. Diese Inadäquanz liegt jedoch nur dann vor, wenn (ARG 1) als Argument im Zusammenhang mit (TMR-I) konstruiert wird. (ARG 1) ist also (TMR-I)-inadäquat, nicht aber notwendigerweise (TMR-II)-inadäquat.

Das Resultat der Analyse der Argumente (ARG 1) und (ARG 1') legt die folgende Verallgemeinerung nahe: Ein Argument, das die Adäquatheitsbedingungen von *Hempel* und *Oppenheim* prima facie erfüllt, ist dennoch inadäquat, (relativ zu einer bestimmten Theorie *T*), wenn die prima-facie-Gesetzesaussagen oder die prima-facie gesetzesähnlichen Aussagen mittels einer oder mehrerer legislativer Definitionen (aus *T*) in logisch wahre Sätze überführt werden können oder wenn die Beschreibung(en) der Antecendensbedingung(en) mittels einer oder mehrerer legislativer Definitionen (aus *T*) in Sätze überführt werden können, aus denen allein die Beschreibung(en) der Explanandumereignisse gefolgert werden können.

Untersuchen wir nun die Brauchbarkeit analytischer Sätze für prognostische Zwecke. Ein prognostisches Argument unterscheidet sich von einem erklärenden Argument vor allem in pragmatischer Hinsicht. Bei einer Erklärung ist das Ereignis, das in der Konklusion beschrieben wird, bekannt, gesucht werden — nach Bekanntwerden dieses Ereignisses — geeignete Gesetzes- und Antecedensaussagen, aus denen die Konklusion folgerbar ist; bei einer Prognose dagegen sind Gesetzes- und Antecendensaussagen gegeben und das prognostische Argument wird formuliert, bevor bekannt ist, ob das prognostizierte Ereignis tatsächlich eingetreten ist. Diese Charakterisierung eines prognostischen Arguments gestattet es, anders als die von *Hempel* (1965, S. 367), auch dann von „Prognose“ zu sprechen, wenn der Zeitpunkt des Eintretens des prognostizierten Ereignisses dem Zeitpunkt der prognostischen Argumentation vorausgeht oder wenn diese beiden Zeitpunkte zusammenfallen.

Offensichtlich handelt es sich bei (ARG 1‘) nicht um ein prognostisches Argument, denn genau in dem Augenblick, in dem bekannt ist, daß der durch A‘ repräsentierte Sachverhalt vorliegt, ist auch bekannt, daß der durch E‘ repräsentierte Sachverhalt vorliegt, da A‘ mit E‘ nicht nur logisch äquivalent, sondern auch identisch ist. Außerdem ist (ARG 1‘) schon deshalb kein prognostisches Argument, weil in ihm G‘ leer vorkommt.

Da (ARG 1) mit (ARG 1‘) logisch äquivalent ist, (ARG 1‘) als prognostisches Argument untauglich ist (und dies nicht nur in pragmatischer, sondern auch in logischer Hinsicht), ist auch (ARG 1) als prognostisches Argument untauglich (relativ zu (TMR I)).

§ 5: Skizzierung der Homansschen Austauschtheorie

In diesem Paragraphen stelle ich die Austauschtheorie von *Homans* in ihren zentralen Sätzen vor. Den Ausdruck „Skizzierung" verwende ich in der Überschrift deshalb, weil sich die Theorie von *Homans* in diesen Sätzen nicht erschöpft. Zu dieser Theorie gehören auch Definitionen, methodologische Überlegungen, Kommentare usw..

In der Darstellung der zentralen Sätze der Austauschtheorie beschränke ich mich auf die letzte Fassung (*Homans* 1974, S. 16-39) und lasse damit frühere Versionen (*Homans* 1961, S. 53-75; *Homans* 1964 c, S. 114-116, S. 125; *Homans* 1969, S. 11 f.; *Homans* 1973, S. 552-558) völlig unberücksichtigt. Bei der Übersetzung vom Englischen ins Deutsche habe ich versucht, mich sehr eng an das Original zu halten, wobei ich stilistische Mängel in Kauf nehme.

Die erste Hypothese („Erfolgs-Hypothese") lautet:

„Für alle Handlungen, die von Personen ausgeführt werden, gilt: Je häufiger eine bestimmte Handlung einer Person belohnt wird, desto wahrscheinlicher wird die Person diese Handlung ausführen" (*Homans* 1974, S. 16).

Die zweite Hypothese („Stimulus-Hypothese") lautet:

„Wenn in der Vergangenheit das Auftreten eines bestimmten Stimulus oder einer Menge von Stimuli die Gelegenheit war, bei der die Handlung einer Person belohnt wurde, dann gilt: Je ähnlicher die gegenwärtigen Stimuli den früheren sind, desto wahrscheinlicher wird die Person in der Gegenwart die Handlung oder eine ähnliche Handlung ausführen" (*Homans* 1974, S. 22 f.).

Die dritte Hypothese („Wert-Hypothese") lautet:

„Je wertvoller für eine Person das Ergebnis ihrer Handlung ist, desto wahrscheinlicher wird sie die Handlung ausführen" (*Homans* 1974, S. 25).

Die vierte Hypothese („Deprivations-Sättigungs-Hypothese") lautet:

„Je häufiger eine Person in der jüngsten Vergangenheit eine bestimmte Belohnung erhalten hat, desto weniger wertvoll wird für sie jede weitere Einheit dieser Belohnung" (*Homans* 1974, S. 29).

Die fünfte Hypothese („Aggressions-Billigungs-Hypothese") besteht aus zwei Teilhypothesen.[1] Die erste („Frustrations-Aggressions-Hypothese") lautet:

---

[1] Ich habe „approval" durch „Billigung" übersetzt. Zu dieser Übersetzung haben mich Diskussionen mit Axel Bühler, Sabine Boger, Sylvia und Roy Mepham und Dankwart C. Kolling bewogen.

„Wenn die Handlung einer Person nicht die Belohnung erhält, die sie erwartet hat, oder wenn sie eine Bestrafung erhält, die sie nicht erwartet hat, dann wird sie verärgert sein; sie wird mit höherer Wahrscheinlichkeit aggressives Verhalten ausführen und die Ergebnisse solchen Verhaltens werden wertvoller für sie" (*Homans* 1974, S. 37).

Die zweite Teilhypothese (die keinen Namen trägt) lautet:

„Wenn die Handlung einer Person die Belohnung erhält, die sie erwartet hat, insbesondere eine größere Belohnung, als sie erwartet hat, oder wenn sie nicht die erwartete Bestrafung erhalten hat, wird sie erfreut sein; sie wird mit höherer Wahrscheinlichkeit billigendes Verhalten („approving behavior") ausführen und die Ergebnisse solchen Verhaltens werden wertvoller für sie" (*Homans* 1974, S. 39).

§ 6: Zwei Deutungsmöglichkeiten der Austauschtheorie

In diesem Paragraphen stelle ich zwei in der Literatur über *Homans'* Austauschtheorie häufig vertretene Interpretationen vor und beurteile sie komparativ anhand der relevanten Textstellen in den einschlägigen Schriften von *Homans.*

Unter der einen Interpretation ist die Austauschtheorie eine (utilitaristisch-) hedonistische, unter der anderen eine (radikal-) behavioristische Theorie des elementaren Sozialverhaltens.[1]

Diese beiden Interpretationen nenne ich „hedonistisch" respektive „behavioristisch".

Die hedonistische Interpretation wird z. B. vertreten von *Abrahamson* (1970, S. 281, S. 284), *Gibbs* (1977, S. 30) und *Johnson* (1977, S. 63), die behavioristische Interpretation dagegen findet sich bei *Boulding* (1962, S. 458 f.), *Davis* (1962, S. 454), *Ekeh* (1974, S. 91), *Ekeh* (1976, S. 516), *Emerson* (1969, S. 404), *Emerson* (1972, S. 39), *Emerson* (1976, S. 338), *Heath* (1976, S. 171), *Irle* (1975, S. 243), *Kunkel* und *Hamblin* (1977, S. 13 ff.), *Lefkowitz* (1972, S. 100 ff.), *Malewski* (1967, S. 105), *McClintock* und *Keil* (1982, S. 355 ff.), *McLaughlin* (1971, S. 43), *Opp* (1970, S. 163), *Opp* (1972, S. 35 f.), *Schwartz* (1980, S. 239), *Shaw* und *Costanco* (1970, S. 69 f.), *Singelmann* (1972, S. 414), *Swensen* (1973, S. 216 f.) und *Vanberg* (1975, S. 30 ff.).[2]

Schließlich sind einige Autoren, z. B. *Deutsch* (1964, S. 163), *Deutsch* und *Krauss* (1965, S. 116), *Turner* (1974, S. 211 ff., S. 223 ff.; vgl. auch *Turner* 1978, S. 201 ff., S. 216 ff.) und *Skidmore* (1975, S. 77 f.) der Auffassung, die Austauschtheorie sei sowohl als hedonistische als auch als behavioristische Theorie interpretierbar.

---

[1] Die Bezeichnung „radikaler Behaviorismus" für die Theorie *Skinners* hat meines Wissens *Scriven* (1956) eingeführt.

[2] *Opp* (1979, S. 106 f.) meint, bevor man die „Hypothesen von Homans und anderen individualistisch orientierten Soziologen . . . als behavioristisch bezeichnet, wäre zunächst zu klären, was genau unter diesem Ausdruck zu verstehen ist. Als nächstes wäre zu prüfen, inwieweit die von Homans und anderen Soziologen angewendeten Individualtheorien tatsächlich behavioristisch sind. Derartige Analysen liegen unseres Wissens nicht vor." Ich hoffe, daß meine Analysen dieser großen Not ein wenig Linderung zu verschaffen vermögen.

Der Frage, ob beide Interpretationen miteinander verträglich sind, kann und will ich hier nicht nachgehen. Jedoch möchte ich nicht verhehlen, daß ich sie negativ beantworten würde. Der einzige Grund für die Annahme, sie seien verträglich miteinander, beruht wohl darauf, daß Hedonismus und (radikaler) Behaviorismus ideengeschichtlich verbunden sind (vgl. *Deutsch & Krauss* 1965, S. 78 f.; *Berlyne* 1973, S. 5; *Cowan* 1968, S. 120 ff.; *Gergen* 1969, S. 10 ff.).

Mir scheint, daß beide Interpretationen durch die in den Hypothesen der Austauschtheorie vorkommenden 'Schlüsselphrasen' „eine Handlung wird belohnt", „eine Person erhält eine Belohnung", „eine Person erhält eine Bestrafung" nahegelegt werden. Die hedonistische Interpretation wird nahegelegt durch das Alltagsverständnis der Ausdrücke „Belohnung" und „Bestrafung". Die behavioristische wird nahegelegt durch *Homans* selbst. Denn *Homans* spricht ausdrücklich davon, daß etwa „Belohnung" in der „technischen Sprache der Verhaltenspsychologen" „Verstärkung" genannt wird (*Homans* 1974, S. 21; vgl. auch *Homans* 1961, S. 18). Mit „Verhaltenspsychologen" („behavioral psychologists") meint er genau die Schule des radikalen Behaviorismus von *Skinner* (vgl. hierzu u. a. *Homans* 1974, S. 11; *Homans* 1961, S. 18; *Homans* 1979, S. xx).

Was ist unter „Hedonismus" und „(radikalem) Behaviorismus" im einzelnen zu verstehen?

Zunächst zum Hedonismus: Mit „Hedonismus" werden zwei unterschiedliche Gruppen von Theorien bezeichnet. Die eine ist eine Theoriengruppe der (normativen) Ethik, die gewöhnlich „ethischer Hedonismus" genannt wird. Der ethische Hedonismus behauptet — grob gesagt —, daß genau Freude, Vergnügen, Lust usw. intrinsisch gut, d. h. um ihrer selbst willen wünschenswert sind, während genau Schmerz, Unlust usw. intrinsisch schlecht, d. h. um ihrer selbst willen nicht wünschenswert sind (vgl. *Brandt* 1959, S. 300; *Brandt* 1967, S. 432; *Hospers* 1972, S. 108), wobei „gut" und „schlecht" in einem moralischen Sinne zu verstehen sind. Die andere ist eine Gruppe deskriptiver Theorien, deren gemeinsame Annahme lautet, daß „Handlungen oder Wünsche ... durch Lust oder Unlust (determiniert werden), seien sie prospektiv, gegenwärtig oder vergangen" (*Brandt* 1967, S. 433; vgl. auch *Brandt* 1959, S. 507 ff.); sie wird gewöhnlich „psychologischer Hedonismus" genannt. Allein der psychologische Hedonismus ist hier von Interesse. Der psychologische Hedonismus ist — wie ich schon angedeutet habe — keineswegs eine einheitlich formulierte, klar identifizierbare Theorie, sondern eine Gruppe von relativ unsystematisch und teilweise unklar ausgearbeiteten theoretischen (einschließlich metaphysischen) Vorstellungen. Um seine wichtigsten Varianten vorzustellen, müßte man zumindest auf *Epikur, Locke, Hobbes, Hume, Bentham* und *Mill* eingehen.

Weiter wäre es notwendig, die wichtigsten psychologischen, physiologischen und biologischen Untersuchungen zum Thema „Lust/Schmerz" respektive „Lust/Unlust" respektive „Belohnung/Bestrafung" heranziehen.[3] Da es aber in diesem Paragraphen lediglich darum geht, zu entscheiden, ob die Austauschtheorie von *Homans* eher als hedonistische oder eher als behavioristische Theorie aufzufassen ist, scheint mir eine verhältnismäßig pauschale Charakterisierung des psychologischen Hedonismus zu genügen.

Eine solche Charakterisierung liefert *Brandt* (1959, S. 308 ff.; 1967, S. 433 f.). Er unterscheidet in Anlehnung an *Troland* (1967, S. 276 ff.) drei Hedonismus-Varianten: (i) Die „Theorie der lustvollen Ziele" („Hedonismus der Zukunft"), (ii) die „Theorie der Motivierung durch lustvolle Gedanken („Hedonismus der Gegenwart") und (iii) die „Theorie der Konditionierung durch lustvolle Erfahrungen" („Hedonismus der Vergangenheit").

Zu (i): Die Theorie der lustvollen Ziele (Hedonismus der Zukunft) besagt: Eine Person wünscht einen Zustand z_1 stärker als einen Zustand z_2 (ist stärker motiviert, Zustand z_1 herbeizuführen als Zustand z_2) genau dann, wenn sie glaubt, daß Zustand z_1 für sie lustvoller (oder weniger unlustvoll) als Zustand z_2 ist.

Zu (ii): Die Theorie der Motivierung durch lustvolle Gedanken (Hedonismus der Gegenwart) besagt:
Eine Person zieht eine Handlung h_1 einer Handlung h_2 vor genau dann, wenn die Gedanken an die Konsequenzen von h_1 für die Person lustvoller sind als die Gedanken an die Konsequenzen von h_2.

Zu (iii): Die Theorie der Konditionierung durch lustvolle Erfahrungen (Hedonismus der Vergangenheit) besagt:
Eine Person zieht einen Zustand z_1 einen Zustand z_2 genau dann vor, wenn für diese Person in der Vergangenheit Zustände der einen Art lustvoller waren als Zustände der anderen Art.

---

[3] Der nicht-ethische Hedonismus ist wie gesagt weit davon entfernt, eine einheitliche Theorie zu sein. Je nachdem, ob man sich auf (sozial-)philosophische *(Bentham* 1948, *Mill* 1969), psychologisch-moralphilosophische (*Gomperz* 1898), psychologisch-sprachphilosophische (*Cowan* 1968), motivationspsychologische *(Young* 1959) oder physiologisch-psychologische *(Carlson* 1981, S. 536-579) Arbeiten beruft, wird man höchst unterschiedliche Charakterisierungen von „Hedonismus" finden. Man versuche einmal, zu entscheiden, ob der Satz „künftige Lust und künftige Leidlosigkeit des Handelnden (sind) die einzigen Zwecke, deren Vorstellung den Willen als Motiv in Tätigkeit setzen (können)" (*Gomperz* 1898, S. 24) durch den Satz „Durch die Einführung von Histofluoreszenztechniken wurde bald herausgefunden, daß die Verteilung von belohnenden Elektrodenplazierungen schön mit der Verteilung von katecholaminergischen Neuronen koinzidiert" (*Carlson* 1981, S. 555 f.) eine Stützung erhält! Schwierigkeiten dürfte einer solchen Entscheidung nicht so sehr aus dem Fachjargon der Phyiologischen Psychologie erwachsen, sondern vor allem aus dem altehrwürdigen Leib-Seele-Problem.

Wenden wir uns nun dem Behaviorismus *Skinners* zu. *Skinners* Behaviorismus läßt sich im Kontext dieses Paragraphen als eine Methodenlehre auffassen. Diese Methodenlehre zeichnet sich vor allem dadurch aus, daß sie 'externalistisch' ist.[4] Damit ist gemeint, daß Theorien, die das Verhalten von Organismen zu erklären suchen, keine Ausdrücke enthalten sollen, die sich auf 'innere Zustände' beziehen, d. h. auf solche, die etwa von Neurophysiologie oder kognitiver Psychologie beschrieben werden:

„Die Praxis, innerhalb des Organismus nach einer Erklärung für sein Verhalten zu suchen, hatte die Neigung, die Variablen zu verdunkeln, die für eine wissenschaftliche Analyse unmittelbar zur Verfügung stehen. Diese Variablen liegen außerhalb des Organismus, in seiner unmittelbaren Umgebung und in deren Geschichte" (*Skinner* 1953, S. 31).

Theorien des Verhaltens, die gegen dieses Prinzip des Externalismus verstoßen, seien, so sagt *Skinner*, in Gefahr, 'redundante' oder gar 'fiktionale' Erklärungen zu liefern:

„Wenn wir sagen, ein Mensch esse, *weil* er hungrig sei, rauche viel, *weil* er eine Rauchgewohnheit habe, . . ., scheinen wir uns auf Tatsachen zu beziehen. Aber bei näherer Analyse erweisen sich diese Phrasen als bloße redundante Beschreibungen. Die beiden Aussagen 'Er ißt' und 'Er ist hungrig' beschreiben ein und dieselbe Tatsache. Die beiden Aussagen 'Er raucht viel' und 'Er hat eine Rauchgewohnheit' beschreiben ein und dieselbe Tatsache. (. . .) Die Praxis, eine Aussage in den Ausdrücken der anderen zu erklären, ist gefährlich, weil sie suggeriert, wir hätten die Ursache gefunden und bräuchten nicht weiter zu suchen" (*Skinner* 1953, S. 31; Hervorhebungen im Original).

Die Behauptung, Sätze wie „Er ißt" und „Er ist hungrig" bezeichneten ein und denselben Sachverhalt, ist natürlich absurd. Daß sie absurd ist, kann man sich allein dadurch klarmachen, daß man sich vor Augen führt, daß *Skinner* Phänomene wie Unterernährung (die durch Mangel erzwungen ist) und radikale Fastenkuren (die u.a. durch Überfluß 'erzwungen' sind) lediglich durch die Phrase „Dieser Mensch ißt nichts" beschreiben kann, die nach Voraussetzung jederzeit durch die Phrase „Dieser Mensch ist nicht hungrig" ersetzt werden kann. *Skinners* Externalismus verhindert also die Unterscheidung zwischen manifesten und dispositionellen Eigenschaften, nach ihm sind alle Eigenschaften manifest. Die Annahme, es gäbe Dispositionen, die kausal relevant für das Verhalten seien, lehnt er mit der Begründung ab, sie führe geradewegs zu 'Fiktionalismus', zu Scheinerklärungen. Aus der Wissenschaftsgeschichte gibt er die folgenden Beispiele:

„. . . wir können Ursachen dieser Art (d. h. 'innere'; H. W. B.) erfinden, ohne daß wir Widersprüche befürchten müssen. Die Bewegung eines rollenden Steines wurde

[4] Zu der Wahl des Ausdrucks „Externalismus" bin ich durch *Irle* (1978, S. 277) angeregt worden. Dort heißt es: „Behavioristische Lern-Theorien beanspruchen — mit erheblichem Erfolg bei einer Reihe von Verhaltensarten (Geltungsbereichen) — *äußeres Verhalten* und dessen Änderungen erklären zu können" (Hervorhebung von mir, H.W.B.).

einst seiner *vis viva* zugeschrieben. Die chemischen Eigenschaften von Körpern glaubte man aus den *Prinzipien* oder *Essenzen,* aus denen sie zusammengesetzt waren, ableiten zu können. Verbrennung wurde erklärt durch das *Phlogiston* im Innern des brennbaren Gegenstandes. Wunden heilten und Körper wuchsen gut wegen einer *vis medicatrix*" (*Skinner* 1953, S. 29; Hervorhebungen im Original).

Ob nun *Skinner* der Auffassung ist, innere Zustände existierten oder existierten nicht, ist nicht eindeutig zu klären. Einerseits sagt er, „innere Ursachen" wie „mentale oder psychische Ereignisse" seien von „fiktionaler Natur" (*Skinner* 1953, S. 30 f.; vgl. auch *Skinner* 1953, S. 160), andererseits betont er, sein „Einwand gegen innere Zustände (sei) nicht, daß sie nicht (existierten), sondern daß sie nicht relevant in einer funktionalen Analyse (seien)" (*Skinner* 1953, S. 35).

Weiter sagt er:

„Wir schicken uns an, das Verhalten des individuellen Organismus vorauszusagen und zu kontrollieren. Dies ist unsere 'abhängige Variable' — der Effekt, für den wir eine Ursache finden sollen. Unsere 'unabhängigen Variablen' — die Ursachen des Verhaltens — sind die externen Bedingungen, deren Funktion das Verhalten ist. Beziehungen zwischen den beiden — die 'Ursache-Wirkung-Beziehungen' im Verhalten — sind die Gesetze einer Wissenschaft" (*Skinner* 1953, S. 35).

Skinners Methodenlehre hat — in dieser Hinsicht — eine verblüffende Ähnlichkeit mit der *Durkheims.* Dieser war ja der Auffassung:

„. . . wenn ein soziales Phänomen unmittelbar durch ein psychisches Phänomen erklärt wird, (kann) man sicher sein . . ., daß die Erklärung falsch ist" (*Durkheim* 1895, S. 128).

Diese Auffasung entwickelte er zu der berühmten Regel:

„Die determinierende Ursache einer sozialen Tatsache muß in den sozialen Tatsachen gefunden werden, die ihr zeitlich vorangehen, und nicht in den individuellen Bewußtseinszuständen" (*Durkheim* 1895, S. 135; im Original ist der ganze Satz hervorgehoben).

Während für *Skinner* innere Zustände in einer „funktionalen Analyse" irrelevant sind, die Gefahr von Scheinerklärungen („spurious explanations", *Skinner* 1953, S. 30) heraufbeschwören, können nach *Durkheim* Erklärungen, die auf „psychische Phänomene", auf „individuelle Bewußtseinszustände" als mutmaßlichen Ursachen von „sozialen Phänomen", von „sozialen Tatsachen", zurückgreifen, ebenfalls nur zu falschen Erklärungen führen. Während für *Skinner* mentale oder (neuro-)physiologische Zustände zur Erklärungen irrelevant sind, sind es für *Durkheim* „psychische Phänomene" und „individuelle Bewußtseinszustände".

Es dürfte offensichtlich sein, daß *Skinners* (und *Durkheims)* Methodenlehre eng mit einer 'Metaphysik ontologischer Schichten' verknüpft ist: Die Wirklichkeit ist in Schichten geschieden, die bestenfalls einen minimalen

Einfluß aufeinander ausüben. Nach *Skinners* Auffassung können nur externe (= unmittelbar beobachtbare) Größen kausal relevant sein, nach *Durkheims* Ansicht kommen nur soziale Tatsachen als Ursachen für soziale Tatsachen in Frage. Daß eine solche Metaphysik ein vergängliches Unternehmen ist, besonders die von *Skinner*, kann man schon allein daran erkennen, daß sie abhängt von der Beschaffenheit des menschlichen Erkenntnisapparates und der Beschaffenheit der von Menschen konstruierten Beobachtungs- und Meßinstrumente. Denn sie entscheiden darüber, welche Phänomene in welchem Ausmaß „unmittelbar beobachtbar" sind.

Skinners Behaviorismus ist selbstverständlich mit diesen Zitaten und Kommentaren nicht erschöpfend charakterisiert. Doch glaube ich, daß diese Darstellung hinreicht, die Frage nach einer angemessenen Interpretation der Austauschtheorie von *Homans* zumindest approximativ zu beantworten.

Oben habe ich schon angedeutet, daß für eine hedonistische Interpretation der *Homansschen* Theorie das übliche Verständnis von „Belohnung" und „Bestrafung" spricht, „Belohnung" verstanden als „Zuckerbrot", „Bestrafung" als „Peitsche". Je nachdem, welche Hedonismus-Variante man zugrundelegt, kann man davon sprechen, daß

(i) eine Person einen Zustand z_1 stärker wünscht als einen Zustand z_2 genau dann, wenn sie glaubt, daß z_1 für sie belohnender (oder weniger bestrafend) ist als z_2 (Hedonismus der Zukunft),

(ii) eine Person eine Handlung h_1 einer Handlung h_2 genau dann vorzieht, wenn die Gedanken an die Konsequenzen von h_1 für die Person belohnender (oder weniger bestrafend) sind als die Gedanken an die Konsequenzen von h_2 (Hedonismus der Gegenwart),

(iii) eine Person einen Zustand z_1 einem Zustand z_2 genau dann vorzieht, wenn für diese Person in der Vergangenheit Zustände der einen Art belohnender (oder weniger bestrafend) waren als Zustände der anderen Art (Hedonismus der Vergangenheit).

Welche dieser Hedonismus-Varianten könnte nun der *Homansschen* Theorie entsprechen? Betrachten wir hierzu etwa die 'Erfolgshypothese' (vgl. § 5):

> Für alle Handlungen, die von Personen ausgeführt werden, gilt: Je häufiger eine bestimmte Handlung einer Person belohnt wird, desto wahrscheinlicher wird die Person diese Handlung ausführen.

Mir scheint, daß die dritte Hedonismus-Variante, nämlich der Hedonismus der Vergangenheit, am ehesten als Kandidat in Frage kommt, dies schon allein deshalb, weil beim Übergang von der Formulierung des Hedonismus der Vergangenheit zur *Homansschen* Erfolgshypothese (und umgekehrt) der geringste Aufwand an sprachlichen Anpassungen nötig ist. Ein Übersetzungsmanual, das den Übergang vom Hedonismus der Zukunft oder vom

Hedonismus der Gegenwart zu der Erfolgshypothese ermöglichen könnte, wäre ja mit dem Problem konfrontiert, Phrasen wie „eine Person wünscht einen Zustand ...", „eine Person glaubt, daß ... ", „die Gedanken (der Person) an die Konsequenzen ... sind für die Person lustvoller ...", also Phrasen, die man als „kognitiv" bezeichnen könnte, die nicht-kognitive Terminologie, der sich *Homans* bedient, eindeutig zuzuordnen.

Nehmen wir an, eine Person habe in der Vergangenheit beim Weintrinken Zustände erlebt, die lustvoller waren als beim Milchtrinken (oder beim Weintrinken häufiger lustvolle Zustände erlebt als beim Milchtrinken). In der Gegenwart zieht diese Person den Zustand, der nach dem „Weintrinken" eintritt, dem Zustand, der nach dem Milchtrinken eintritt, vor; die Wahrscheinlichkeit, daß sie die Handlung „Weintrinken" ausführt, ist höher als die Wahrscheinlichkeit, daß sie die Handlung „Milchtrinken" ausführt. Hier haben wir, so glaube ich, eine recht gute Entsprechung zwischen den beiden Formulierungen.

Es scheint also, daß die hedonistische Interpretation hier einen Punkt für sich verbuchen kann.

Fragen wir jedoch, inwieweit diese Interpretation den Intentionen von *Homans* gerecht wird.

Einmal spricht *Homans* (1974, S. 28) explizit von „Hedonismus":

„Trotz all dieses Geredes über Belohnungen sollte der Leser nie annehmen, unsere Theorie sei hedonistisch und befasse sich nur mit materialistischen Werten. Die Werte, die eine Person erwirbt, mögen vollkommen altruistisch sein. Was unsere Theorie fordert, ist lediglich, daß die in Frage stehenden Werte die tatsächlichen Werte einer Person sind, nicht aber diejenigen, von denen irgendjemand glaubt, die Person sollte sie haben. Der Erfolg einer Person, die sich altruistische Werte angeeignet hat, übt genau denselben Effekt auf ihr Verhalten aus wie die Aneignung egoistischer Werte: sie wird eher geneigt sein, diejenigen Handlungen auszuführen, die sich als erfolgreich erwiesen haben, wie immer sie auch sein mögen."

Diese Passage stellt auf den ersten Blick ein recht starkes Zeugnis gegen eine hedonistische Interpretation dar. *Homans* warnt ja ausdrücklich vor der Annahme, seine Theorie sei hedonistisch orientiert. Etwas befremdlich ist freilich die Rede von „materialistischen Werten", die auf irgendeine positive Weise mit Belohnungen zusammenzuhängen scheinen. Auf den zweiten Blick verliert jedoch das Zeugnis etwas von seiner Stärke, da *Homans* offenbar Hedonismus mit Egoismus identifiziert und ihn dementsprechend dem Altruismus gegenüberstellt. Als Gegenposition zum Hedonismus wird jedoch nicht der Altruismus, sondern der Asketizismus betrachtet (vgl. etwa *Bentham* 1948, S. 8 ff.). Es ist demnach, wenn man die zitierte Textstelle zugrundelegt, zumindest nicht ganz klar, ob *Homans* das übliche Verständnis von „Hedonismus" hat.

Lassen wir also den Hedonismusbegriff von *Homans* auf sich beruhen und fragen wir statt dessen, an welchen Positionen sich *Homans* methodologisch (und theoretisch) orientiert, worin seine methodologischen (und theoretischen) Intentionen bestehen. Wenn wir dies wissen, dann läßt sich leichter beurteilen, ob eine hedonistische Interpretation gerechtfertigt ist oder nicht.

Anders als z. B. *Durkheim* (siehe oben) will *Homans* nicht „soziale Tatsachen" durch andere „soziale Tatsachen" erklären, die jenen „zeitlich vorangehen", demgemäß ist er auch nicht *Durkheims* Auffassung, daß man sicher sein kann, daß Erklärungen von „sozialen Phänomenen" durch „psychische Phänomene" falsch sind, sondern er vertritt im Gegenteil die Überzeugung, daß „die Soziologie . . . eine Korollar der Psychologie zumindest in dem Sinne (ist), daß soziale Phänomene allgemeine psychologische Propositionen zu ihrer Erklärung bedürfen" (*Homans* 1967, S. 60; vgl. auch *Homans* 1961, S. 12; *Homans* 1962, S. 48; *Homans* 1964 a, S. 970; *Homans* 1964 d, S. 810; *Homans* 1969, S. 17 ff.;*Homans* 1973, S. 551; *Homans* 1974, S. 12). Das Programm von *Homans* ist also der methodologische Individualismus (*Homans* 1967, S. 61; *Homans* 1970, S. 324 ff.; *Homans* 1974, S. 12), d. h. „die Idee der Erklärung sozialer Tatbestände aus dem Zusammenspiel individueller Handlungen unter verschiedenen Bedingungen" (*Albert* 1977, S. 183), die zu den zentralen Annahmen der klassischen Ökonomie gehört.

Die gesetzesartigen Prämissen, die *Homans* für seine erklärenden Argumente braucht, glaubt er nun nicht in der Psychologie überhaupt vorzufinden, sondern in jener Richtung der Psychologie, die er „Verhaltenspsychologie" („behavioral psychology") nennt (*Homans* 1958, S. 597 f.; *Homans* 1961, S. 12 f.; *Homans* 1964 b, S. 223, S. 225; *Homans* 1969, S. 1, S. 12, S. 23; *Homans* 1970, S. 321; *Homans* 1973, S. 591; *Homans* 1974, S. 11, S. 56; *Homans* 1979, S. xx). Mit „Verhaltenspsychologie" aber bezeichnet er den radikalen Behaviorismus *Skinners.* So betont er u.a. :

> „Was wir meinen, wenn wir sagen, eine Belohnung werde erwartet, ist der Sachverhalt, daß eine Stimulussituation existiert, die jener ähnlich ist, in der eine Person eine Aktivität emittierte, die in der Vergangenheit eine bestimmte Belohnung erhielt. Dies ist bester Skinner, und tatsächlich eine vollkommen gültige Aussage in jeder Verhaltenspsychologie. (. . .) Aber ich bin gerne bereit, die 'Rhetorik' des Behaviorismus aufzugeben und statt dessen Wörter wie 'Belohnung', 'Kosten', 'erwarten' und 'Gerechtigkeit' zu gebrauchen, nachdem ich erklärt habe, worin ihre verhaltensmäßige Bedeutung (im Original: „behavioral meaning") besteht. Durch den Verzicht auf solche Wörter verschwendet die Skinnersche Rhetorik sehr viel Zeit durch Umschreibung" (*Homans* 1964 b, S. 223).

Und:

> „Unser Buch wird sich von Newtons *Principia* in noch anderer Weise unterscheiden. Newton sah sich dem Problem gegenüber, seine eigenen allgemeinen Propositionen zu entdecken oder zu erfinden, und er hatte das Genie, dies zu tun. Wir können

den leichteren Weg einschlagen und unsere Propositionen aus dem Werk anderer entleihen. Sie stammen aus den Forschungen einer Reihe von Verhaltenspsychologen, deren hervorragendstes Mitglied B. F. Skinner ist. (Vgl. besonders Skinner 1938 und 1953.) Es gibt eine ganze Zahl von Schulen der Verhaltenspsychologie, sie scheinen jedoch mehr oder weniger dasselbe zu sagen, wenn auch in etwas unterschiedlichen Worten. Wir neigen dazu, die Art, in der Skinner die Propositionen formuliert, zu bevorzugen, da er die wenigsten unnötigen Annahmen zu machen scheint. Nachdem wir jedoch die Propositionen zumindest einmal in Skinnerscher Strenge formuliert haben, werden wir dazu neigen, in alltäglichere Sprechweisen zu verfallen. Die Skinnersche Sprache tendiert zur Schwerfälligkeit, weil sie sich dagegen sträubt, Worte wie 'Absicht' zu verwenden, und sie nur durch Umschreibung ersetzen kann, was intellektuell von großer Reinheit sein mag, aber auch umständlich ist" (*Homans* 1974, S. 11; Hervorhebung im Original).

In der zuletzt zitierten Passage offenbart *Homans* eines der Motive, die ihn zu einer Orientierung am Behaviorismus *Skinners* bewogen haben: Er scheint „die wenigsten unnötigen Annahmen zu machen". *Homans* orientiert sich also an einem Prinzip, das schon bei *Aristoteles* zu finden ist und durch *Ockham* berühmt wurde. „Ockham's razor" besagt: „Pluralitas non est ponenda sine necessitate" (vgl. *Boehner* 1958, S. 155), zu deutsch etwa: „Eine Vielheit (von Wesenheiten) soll nicht über das notwendige Maß hinaus angenommen werden". *Ockhams* Prinzip ist eine Aufforderung, sparsame Ontologien zu verwenden. Erinnern wir uns an *Skinner*, der darauf hinweist, wie sich 'ontologische Völlerei' in der Gestalt des von ihm abgelehnten 'Internalismus' ausgewirkt hat: Es gab eine *vis viva*, *Prinzipien* und *Essenzen*, das *Phlogiston* und die *vis medicatrix*, die — nach *Skinner* – nur eines leisteten, nämlich 'fiktionale Erklärungen' bereitzustellen.

Gegen *Ockhams* Prinzip will ich nicht polemisieren. Zu fragen ist allerdings, ob seine Befolgung uns methodologisch oder gar logisch zwingt, die Existenz einer bestimmten Art von Entitäten für unnötig zu erachten.

Skinners Methodologie völlig treu bleibend übernimmt *Homans* konsequenterweise *Skinners* 'Externalismus', d. h. dessen 'Observationalismus'.

„Was am Behaviorismus wichtig ist, ist seine allgemeine Charakteristik. Er ist eine stark historische, d. h. kausale, Wissenschaft, da seine Erklärungen des menschlichen Verhaltens weitgehend von der Geschichte des Einwirkens einer Person auf ihre Umgebung abhängt: ihrer Erfolge und deren begleitenden Stimuli. Seine Propositionen verknüpfen die Vergangenheit einer Person mit den gegenwärtigen Umständen der Person und ihrem gegenwärtigen Verhalten. Darüberhinaus springt er unmittelbar von der in der Vergangenheit liegenden Umgebung der Person zu deren Einwirken auf die gegenwärtige Umgebung, die sich rückgekoppelt auf ihr zukünftiges Verhalten auswirkt.

Dadurch vernachlässigt der Behaviorismus die internen mentalen Zustände einer Person, genauer: die Worte, die wir verwenden, um uns auf sie zu beziehen. Solch ein Wort ist *Absicht*, zum Beispiel, wenn wir sagen, menschliches Verhalten sei absichtsvoll oder zielgerichtet. (. . .) Bevor wir nicht mehr (über höhere geistige Funktionen; H.W.B.) wissen, sollten wir mentalistische Erklärungen besser vermeiden. Tatsächlich besteht nach Skinner die Aufgabe der Anatomen und Physiologen, die das Nervensystem erforschen, darin, die exakten Mechanismen aufzuzeigen, die die Lücke zwischen Umgebung und Verhalten schließen. Einstweilen besitzt der Behaviorismus viele geprüfte Propositionen, die die Lücke schließen und die beiden unmittelbar miteinander verknüpfen" (*Homans* 1980, S. 390; Hervorhebung im Original; vgl. auch *Homans* 1979, S. xvi).

Nach diesen ausführlichen Zitaten wird man wohl kaum noch daran zweifeln können, daß *Homans* das methodologische Programm *Skinners* völlig, zumindest aber weitgehend, übernommen hat. Er wird also zumindest als „methodologischer Behaviorist im Sinne *Skinners*" charakterisiert werden dürfen. Wer dies bestreiten wollte, lüde sich eine gewaltige Beweislast auf.

Kommen wir noch einmal auf die Frage einer hedonistischen Interpretation zurück. Daß *Homans*' Theorie nicht hedonistisch interpretiert werden kann, ist ja dadurch, daß ich sehr starke Zeugnisse für seine methodologisch-behavioristische Orientierung anzuführen in der Lage war, keineswegs beschlossene Sache. Mit anderen Worten: Daraus, daß *Homans*' Theorie eindeutig an der Methodologie des *Skinnerschen* Behaviorismus orientiert ist, folgt nicht, daß sie nicht auch hedonistisch interpretiert werden kann. Es ist ohne weiteres vorstellbar, daß eine Theorie des Verhaltens mit einer behavioristischen Methodologie verknüpft ist und gleichzeitig dieser Theorie hedonistische Ideen zugrundeliegen.

Dieser Einwand jedoch wiegt nicht schwer. Denn in den Texten von *Homans* spricht nichts, aber auch gar nichts, zugunsten einer hedonistischen Interpretation. Die Tatsache, daß *Homans* stets den Ausdruck „Belohnung" („reward") gebraucht, nicht aber den bei *Skinner* vorkommenden Ausdruck „Verstärkung" oder „Bekräftigung" („reinforcement"), ist als Zeugnis zugunsten einer hedonistischen Interpretation *völlig wertlos*. Denn *Homans* sagt ja ausdrücklich und immer wieder, daß das, was er „Belohnung" nennt, in der Sprache des „Verhaltenspsychologen" „Verstärkung" genannt wird (*Homans* 1974, S. 21; vgl. u.a. auch *Homans* 1958, S. 598; *Homans* 1961, S. 18; *Homans* 1967, S. 36; *Homans* 1980, S. 389). Die Sprache dieser „Verhaltenspsychologen", womit er — wie oben schon durch ein umfangreiches Zitat belegt wurde — die Schule des *Skinnerschen* Behaviorismus bezeichnet, verwendet er deshalb nicht, weil sie ihm zu weit von der Alltagssprache entfernt und zu schwerfällig ist.

Dem Verfechter einer hedonistischen Interpretation bleibt jetzt nur noch eine Möglichkeit: Er kann darauf pochen, daß *Skinners* Behaviorismus hedonistisch interpretiert werden kann. Aber dafür, daß eine solche mögliche Interpretation auch angemessen ist, gibt es keinerlei Anhaltspunkte. Dies wird im nächsten Paragraphen, in dem der Verstärkungsbegriff *Skinners* untersucht wird, mehr als deutlich werden.

Den gegenwärtigen Paragraphen möchte ich kommentarlos mit einem *Skinner*-Zitat beschließen:

„Epikur hatte nicht ganz recht: Lust ist nicht das größte Gut, Schmerz nicht das größte Übel; die einzigen guten Dinge sind positive Verstärker und die einzigen schlechten Dinge sind negative Verstärker" (*Skinner* 1973, S. 107).

§ 7: Der Verstärkerbegriff Skinners

Im vorangegangenen Paragraphen habe ich ein Plädoyer zugunsten einer behavioristischen Interpretation der *Homansschen* Austauschtheorie gehalten.

Den Verstärkerbegriff *Skinners* werde ich in diesem Paragraphen vor allem aus zwei Gründen analysieren, respektive rekonstruieren:

(i) Aus der Analyse/Rekonstruktion soll ersichtlich werden, daß eine Umadressierung der hedonistischen Interpretation von *Homans* nach *Skinner* keinen Erfolg hat.

(ii) Durch die Analyse/Rekonstruktion soll eine argumentative und terminologische Grundlage für die Analyse/Rekonstruktion der *Homansschen* Austauschtheorie geschaffen werden.

In den Hypothesen der Austauschtheorien kommen — wie ich zu Anfang von § 6 bereits gesagt habe — 'Schlüsselphrasen' wie „eine Handlung wird belohnt", „eine Person erhält eine Belohnung" usw. vor. Diese Ausdrücke werden von *Homans* - über den Umweg von *Skinners* Terminologie — 'narrativ' erläutert:

> „Nehmen wir nun an, eine neue oder naive Taube befinde sich in ihrem Käfig im Laboratorium. Eines der Bestandteile ihres angeborenen Repertoires an Erkundungsverhalten ist das Picken. Während die Taube im Käfig umherwandert und pickt, trifft sie zufälligerweise eine rote Zielscheibe, worauf der wartende Psychologe oder möglicherweise eine automatische Füttermaschine sie mit Körnern füttert. Offensichtlich ist nun, daß die Wahrscheinlichkeit, daß die Taube dieses Verhalten wieder emittiert, steigt, d. h. die Wahrscheinlichkeit, daß sie nicht nur pickt, sondern auf das Ziel pickt. In *Skinners* Sprache ausgedrückt: das Picken der Taube auf die Zielscheibe ist ein *Operant*, der Operant wurde *verstärkt*, Körner sind der *Verstärker*, und die Taube wurde operanter *Konditionierung* unterzogen. Sollten wir die Alltagssprache bevorzugen, könnten wir sagen, die Taube habe gelernt, auf die Zielscheibe zu picken, indem sie dafür belohnt wurde" (*Homans* 1961, S. 18; Hervorhebungen im Original).

Diese Passage dokumentiert — noch einmal — die *Skinner*-Orientierung von *Homans*. Jedoch wird hier das von *Homans* intendierte Verständnis von „belohnen" (= „verstärken") noch nicht hinreichend scharf dargelegt.

Daher scheint es mir naheliegend und vorteilhaft zu sein, direkt auf den Verstärkerbegriff *Skinners* zurückzugreifen.

Skinner (1953, S. 185) sagt:

„Wir definieren zuerst einen positiven Verstärker als jeden Stimulus, dessen *Präsentation* das Verhalten, worauf er folgt, stärkt. Wir definieren einen negativen Verstärker (einen aversiven Stimulus) als jeden Stimulus, dessen *Entfernung* das Verhalten stärkt“ (Hervorhebungen im Original).

Diese beiden Sätze mögen befremdlich klingen, da in ihnen Phrasen, die das Wort „Verstärker“ enthalten, definiert werden durch Phrasen, die das Wort „stärken“ enthalten. Man könnte auf die Idee verfallen, hier liege ein Definitionszirkel vor. Daß dies jedoch nicht der Fall ist, geht daraus hervor, daß *Skinner* den Ausdruck „stärken“ („to strengthen“) als abkürzenden technischen Term verwendet:

> „Bei der operanten Konditionierung 'stärken' wir einen Operanten in dem Sinne, daß wir einen Response wahrscheinlicher machen oder, in Wirklichkeit, häufiger machen“ (*Skinner* 1953, S. 65).

Da *Skinner* oben ausdrücklich von „definieren“ spricht, liegt es nahe, die beiden Sätze als Definitionen aufzufassen und sie zunächst — in einem ersten Versuch — folgendermaßen zu formulieren:

(1a) *Definition:* Ein Stimulus ist ein positiver Verstärker für ein Verhalten genau dann, wenn er präsentiert wird und wenn er diesem Verhalten folgt und wenn er dieses Verhalten wahrscheinlicher (häufiger) macht.

(1b) *Definition:* Ein Stimulus ist ein negativer Verstärker für ein Verhalten genau dann, wenn er entfernt wird und wenn diese Entfernung das Verhalten wahrscheinlicher (häufiger) macht.

Diese beiden Definitionen sind noch sehr unbefriedigend. Denn erstens fehlen hier Bezugnahmen auf Organismen und Zeitpunkte (vgl. *Skinner* 1953, S. 72 f., wo er in dieser Hinsicht viel sorgfältiger formuliert). Zweitens werden durch die Phrasen „wenn er dieses Verhalten stärkt“ und „wenn diese Entfernung dieses Verhalten stärkt“ kausale Verbindungen präjudiziert, was *Skinners* Absichten nicht entsprechen dürfte. Drittens ist die Phrase „wenn er präsentiert wird“ in (1a) genaugenommen überflüssig, da der Satz „Wenn ein Stimulus nicht präsentiert wird, dann folgt er (einem bestimmten Verhalten) nicht“ eine triviale Wahrheit ist. Diese Trivialität überträgt sich auf den damit logisch äquivalenten Satz „Wenn ein Stimulus (einem bestimmten Verhalten) folgt, dann wird er präsentiert“, so daß man aus „Ein Stimulus folgt (einem bestimmten Verhalten)“ „Ein Stimulus wird präsentiert“ auf triviale Weise 'folgern' kann. Viertens wird das Wort „Verhalten“ in (1a) und (1b) in zwei verschiedenen Bedeutungen verwendet. Im Definiendum, also in dem Satz vor „genau dann, wenn“, bezeichnet es ein individuelles, unwiederholbares Vorkommnis, im Definiens dagegen eine Klasse von Vorkommnissen dieser Art. Wir müssen hier eine Unterscheidung von „token“ (Vorkommnis aus einer bestimmten Klasse) und „type“ (eben dieser Klasse) vornehmen, eine Unterscheidung, deren Wichtigkeit schon *Peirce* (1960,

S. 423) hervorgehoben hat. Diese wichtige Unterscheidung wird von *Skinner*, wenn auch an anderer Stelle, eigens getroffen:

„Eine einzelne Instanz, in der eine Taube ihren Kopf hebt, ist ein *Response*. (...) Das Verhalten, das 'Heben des Kopfes' genannt wird, ist ein *Operant*. Es kann nicht als eine Handlung, die ausgeführt wurde, beschrieben werden, sondern als eine Menge von Handlungen, die durch die Eigenschaft 'Höhe, bis zu der der Kopf gehoben wird' definiert ist" (*Skinner* 1953, S. 65; Hervorhebungen im Original; vgl. auch *Skinner* 1953, S. 87).

Fünftens schließlich wird aus *Skinners* Erläuterungen des Ausdrucks „stärken" nicht klar, ob er nun „Wahrscheinlichkeit" oder „(relative) Häufigkeit" im Auge hat, wenn er davon spricht, daß „wir einen Response wahrscheinlicher machen oder, in Wirklichkeit, häufiger machen" (vgl. oben). Diese Unklarheit überträgt sich unmittelbar auf die beiden Definitionen.

Daß er „Wahrscheinlichkeit" nicht im Sinne einer Disposition zu interpretieren gedenkt, ergibt sich ziemlich eindeutig aus seinem Externalismus (vgl. § 6). Als konsequenter Externalist muß er ja dispositionelle Ausdrücke, d. h. solche Ausdrücke, die sich bei gewöhnlicher Interpretation auf dispositionelle, nicht aber auf manifeste Eigenschaften beziehen, entweder vermeiden oder er muß sie, wenn er sie doch verwendet, so umdeuten, daß ihre Referenten nur manifeste Eigenschaften sind:

„Die Alltagsausdrücke, die vom Begriff der Wahrscheinlichkeit, der Tendenz oder der Prädisposition Gebrauch machen, beschreiben die Häufigkeit, mit der Verhaltenseinheiten auftreten. Niemals beobachten wir eine Wahrscheinlichkeit als solche. Wir sagen, jemand sei 'enthusiastisch' in Bezug auf Bridge, wenn wir beobachten, daß er oft Bridge spielt und oft darüber spricht. An Musik 'sehr interessiert' zu sein heißt viel Musik zu spielen, viel Musik zu hören und viel über Musik zu sprechen. Der 'gewohnheitsmäßige' Spieler ist einer, der häufig spielt ..." (*Skinner* 1953, S. 62; vgl. auch *Skinner* 1953, S. 31).

Da die Unzulänglichkeiten der *Skinnerschen* Wissenschafts- und Sprachphilosophie sowie seine Ontologie hier nicht diskutiert werden können,[1] sondern lediglich sein Verstärkungsbegriff herausgearbeitet werden soll, will ich nun im Anschluß an die vorangegangenen fünf Kommentare von (1a) und (1b) übergehen zu (2a) und (2b), wobei ich — wie auch später — aus Sparsamkeitsgründen Allquantoren unterdrücken werde.

(2a) *Definition:* Ein Stimulus s ist ein positiver Verstärker für eine Handlungsklasse H eines Organismus o im Zeitintervall $[t, t']$ genau dann, wenn der Stimulus s auf ein Vorkommnis h aus der Handlungsklasse H des Organismus o zum Zeitpunkt t folgt und sich die relative Häufigkeit der Vorkommnisse aus der Handlungsklasse H des Organismus o im Zeitintervall $[t, t']$ erhöht.

[1] Vgl. etwa *Chomsky* (1959); die Inadäquatheit 'spezifisch behavioristischer Definitionen' wird von *Stich* (1983, S. 16) schön herausgestellt.

(2b) *Definition:* Ein Stimulus *s* ist ein negativer Verstärker für eine Handlungsklasse *H* eines Organismus *o* im Zeitintervall [*t*, *t*'] genau dann, wenn der Stimulus *s* nach einem Vorkommnis *h* aus der Handlungsklasse *H* des Organismus *o* zum Zeitpunkt *t* entfernt wird und sich die relative Häufigkeit der Vorkommnisse aus der Handlungsklasse *H* des Organismus *o* im Zeitintervall [*t*, *t*'] erhöht.

Diese Definitionen scheinen einige Sozialwissenschaftler im Sinne zu haben, wenn sie *Skinner* (und *Homans)* vorwerfen, die „Prinzipien der operanten Konditionierung" seien „tautologisch" oder „zirkulär" (vgl. u.a. *Davis* 1962, S. 457; *Deutsch* 1964, S. 161; *Deutsch & Krauss* 1965, S. 115; *Emerson* 1972, S. 39 f.; *Emerson* 1976, S. 339 f.; *Skidmore* 1975, S. 114; *Turner* 1974, S. 246 ff.; *Turner* 1978, S. 234 ff.). Mit „tautologisch" respektive „zirkulär" ist dabei wohl „analytisch" gemeint, vermutlich sogar in dem strengen Sinne, in dem ich „analytisch" in § 3 definiert habe.

Betrachten wir etwa den folgenden Satz, der das „Gesetz der Konditionierung vom Typ R" wiedergibt (*Skinner* 1938, S. 21):

(3) „Wenn auf das Auftreten eines Operanten die Präsentation eines verstärkenden Stimulus folgt, (dann) wird die Stärke erhöht".

Paßt man diesen Satz dem Vokabular von (2a) sprachlich an — was ja nicht problematisch ist — dann gelangt man unschwer zu der folgenden Formulierung:

(4) Wenn ein Stimulus *s* auf ein Vorkommnis *h* aus einer Handlungsklasse *H* eines Organismus *o* zum Zeitpunkt *t* folgt und der Stimulus *s* für die Handlungsklasse *H* des Organismus *o* im Zeitintervall [*t*, *t*'] ein positiver Verstärker ist, dann erhöht sich die relative Häufigkeit der Vorkommnisse aus der Handlungsklasse *H* des Organismus *o* im Zeitintervall [*t*, *t*'].

In diesem Satz können wir gemäß (2a) den Ausdruck „der Stimulus *s* (ist) für die Handlungsklasse *H* des Organismus *o* im Zeitintervall [*t*, *t*'] ein positiver Verstärker" durch den mit ihm definitorisch äquivalenten Ausdruck ersetzen, wodurch wir Satz (5) gewinnen:

(5) Wenn ein Stimulus *s* auf ein Vorkommnis *h* aus einer Handlungsklasse *H* eines Organismus *o* zum Zeitpunkt *t* folgt und der Stimulus *s* auf ein Vorkommnis *h* aus der Handlungsklasse *H* des Organismus *o* zum Zeitpunkt *t* folgt und sich die relative Häufigkeit der Vorkommnisse aus der Handlungsklasse *H* des Organismus *o* im Zeitintervall [*t*, *t*'] erhöht, dann erhöht sich die relative Häufigkeit der Vorkommnisse aus der Handlungsklasse *H* des Organismus *o* im Zeitintervall [*t*, *t*'].

Dieser Satz ist — wie man sogleich erkennt — eine logische Wahrheit. Da er aus (4), dem „Gesetz der Konditionierung vom Typ *R*" und der Definition

(2a) durch Substitution des Prädikates „Ein Stimulus *s* ist ein positiver Verstärker . . ." durch sein definitorisches Äquivalent gewonnen wurde, ist damit (4) als analytisch im Sinne der Ausführungen von § 3 auszuzeichnen. Das „Gesetz der Konditionierung vom Typ *R*" ist demnach ohne Gehalt oder besitzt — allerhöchstens — einen minimalen Gehalt.

Es scheinen sich nun zwei Alternativen anzubieten: (4) wird nicht als empirische Hypothese interpretiert, sondern als 'partielle Definition'. Durch Transposition kann ja (4) so umgeformt werden, daß (6) entsteht:

(6) *Definition:* Wenn ein Stimulus *s* auf ein Vorkommnis *h* aus einer Handlungsklasse *H* eines Organismus *o* zum Zeitpunkt *t* folgt, und sich die relative Häufigkeit der Vorkommnisse aus der Handlungsklasse *H* des Organismus *o* im Zeitintervall [*t*, *t'*] nicht erhöht, dann ist der Stimulus *s* für die Handlungsklasse *H* des Organismus *o* im Zeitintervall [*t*, *t'*] kein positiver Verstärker.

Eine partielle Definition ist (6) deshalb, weil für das zu definierende Prädikat „Der Stimulus *s* ist . . . kein positiver Verstärker" lediglich hinreichende, nicht aber auch notwendige Bedingungen angegeben werden.

(6), aber damit auch (4), erweist sich jedoch schnell als überflüssig, da sowohl (6) als auch (4), die ja logisch äquivalent sind, aus (2a) logisch folgen.

Um dies zu zeigen, kürze ich nun die Formulierungen ab. Ich schreibe (2a) und (6) so:

(2a) *Definition: s* ist ein positiver Verstärker für *H* von *o* in [*t*, *t'*] genau dann, wenn *s* auf *h* aus *H* von *o* zu *t* folgt und sich die relative Häufigkeit der Vorkommnisse aus *H* von *o* in [*t*, *t'*] erhöht.

(6) *Definition:* Wenn *s* auf *h* aus *H* von *o* zu *t* folgt und die relative Häufigkeit der Vorkommnisse aus *H* von *o* in [*t*, *t'*] sich nicht erhöht, dann ist *s* für *H* von *o* in [*t*, *t'*] kein positiver Verstärker.

In (2a) haben wir drei Teilsätze:

(i) = *s* ist ein positiver Verstärker . . .
(ii) = *s* folgt auf *h* . . .
(iii) = die relative Häufigkeit erhöht sich . . .

Dieselben drei Teilsätze kommen auch in (6) vor, nur mit dem Unterschied, daß (i) und (iii) negiert und gegeneinander vertauscht sind.

(2a) hat also die logische Form:
(i) genau dann, wenn (ii) und (iii).

(6) hat die logische Form:
Wenn (ii) und non-(iii), dann non-(i).

Daß nun (6) aus (2a) folgt, kann man dadurch zeigen, daß man nachweist, daß bei jeder Interpretation, bei der (6) falsch ist, auch (2a) falsch ist. Denn die Beziehung der Folgerung zwischen zwei Sätzen liegt ja genau dann nicht vor, wenn es eine Interpretation gibt, bei der der eine Satz wahr, der andere jedoch falsch ist. Wählen wir also eine Interpretation J, bei der (6) falsch ist. (6) ist falsch genau dann, wenn (ii) der Wahrheitswert „wahr“, (iii) der Wahrheitswert „falsch“ und (i) der Wahrheitswert „wahr“ zugeordnet wird, und folglich non-(iii) der Wahrheitswert „wahr“ und non-(i) der Wahrheitswert „falsch“. Bei dieser Interpretation ist das linke Konditionalglied, das ja eine Konjunktion ist, wahr, das rechte Konditionalglied jedoch falsch. Und damit ist (6) falsch. Da bei dieser Interpretation auch (2a) falsch ist, wie ich nun nicht mehr zu zeigen brauche, und (6) nur unter *einer* Interpretation falsch ist, ist nachgewiesen, daß (6) aus (2a) logisch folgt.

(6), aber auch damit (4), ist demnach Element aus der Folgerungsmenge von (2a), der Definition des Prädikates „... ist ein positiver Verstärker ...“. Wenn man (4) als 'partielle' Definition erfaßt, ist diese Definition überflüssig. Wenn man (4) jedoch als empirische Hypothese auffaßt, begeht man einen Irrtum, falls man an (2a) als Definition festzuhalten gedenkt.

Die andere Alternative besteht darin, (2a) — und parallel dazu (2b) — als inadäquate Rekonstruktionen der *Skinnerschen* Verstärkerdefinitionen zurückzuweisen und darauf zu hoffen, daß durch eine andere, nämlich angemessene, Rekonstruktion (4) den Status einer empirischen, d. h. hier: nicht-analytischen, Hypothese behalten kann.

Dafür, daß (2a) und (2b) als Definition des Prädikates „... ist ein positiver respektive negativer Verstärker ...“ nicht adäquat sind, spricht auf jeden Fall die Tatsache, daß sie bei näherer Analyse unsinnige, zumindest aber kontraintuitive Konsequenzen haben.

Nehmen wir folgenden hypothetischen Fall an: Ein bestimmter Stimulus s_i folge auf ein Vorkommnis h_i aus der Handlungsklasse H_i des Organismus o_i zum Zeitpunkt t_i *nicht*, jedoch erhöhe sich die relative Häufigkeit der Vorkommnisse aus H_i von o_i im Zeitintervall $[t_i, t_i']$. Damit ist das Definiens von (2a) nicht erfüllt, es ist falsch für den hier geschilderten Fall. Wegen des Junktors „genau dann, wenn“ überträgt sich die Falschheit auf das Definiendum. Damit sind wir (logisch) gezwungen, zu sagen, s_i sei *kein* positiver Verstärker für H_i .... Da aber s_i gar nicht zum Zeitpunkt t_i auftrat, erscheint es unsinnig, jedenfalls aber zu stark, s_i die Eigenschaft des positiven Verstärkers für H_i ... abzusprechen. Das analoge gilt natürlich auch für (2b).

Um diese Schwäche zu beseitigen, könnte man versuchen, die Definientia in (2a) und (2b) logisch abzuschwächen derart, daß man statt Konjunktionen Konditonale wählt. (2a) würde dann zu (7a):

(7a) *Definition:* Ein Stimulus s ist ein positiver Verstärker für eine Handlungsklasse H eines Organismus o im Zeitintervall $[t, t']$ genau dann, wenn sich die relative Häufigkeit der Vorkommnisse aus der

Handlungsklasse *H* des Organismus *o* im Zeitintervall [*t*, *t*'] erhöht, falls der Stimulus *s* auf ein Vorkommnis *h* aus der Handlungsklasse *H* des Organismus *o* zum Zeitpunkt *t* folgt.

(7b) (Analog zu 7a)

Während (2a) zu stark ist, zuviel ausschließt, scheint (7a) zu schwach zu sein, zuwenig auszuschließen. Das Definiens in (7a) ist ein Konditionalsatz. Ein Konditionalsatz ist auch dann wahr, wenn sein Antecedens falsch ist. Angenommen, ein bestimmter Stimulus s_1 folge auf ein Vorkommnis h_1 ... *nicht*, dann wäre das Definiens von (7a) erfüllt, für diesen Fall also wahr. Die Wahrheit des Definiens würde hier durch den Junktor „genau dann, wenn" auf das Definiendum übertragen, und wir wären logisch verpflichtet, s_1 als positiven Verstärker für H_1 ... auszuzeichnen. Da aber s_1 gar nicht zum Zeitpunkt t_1 auftrat, erscheint es unsinnig, völlig unplausibel, s_1 deshalb als positiven Verstärker für H_1 ... auszuzeichnen. Das analoge gilt für eine ebenso geartete Definition von „*s* ist ein negativer Verstärker ... ".

Überlegen wir an dieser Stelle kurz, welche Konsequenzen die Definition (7a) für (4) hat. Sehen wir dabei für einen Augenblick davon ab, daß uns (7a) nicht befriedigt. Wenn wir in (4) den Teilsatz, der den Ausdruck „positiver Verstärker" enthält, zugunsten seines definitorischen Äquivalentes eliminieren, können wir übergehen zu (8):

(8) Wenn ein Stimulus *s* auf ein Vorkommnis *h* aus einer Handlungsklasse *H* eines Organismus *o* zum Zeitpunkt *t* folgt und sich die relative Häufigkeit der Vorkommnisse aus der Handlungsklasse *H* des Organismus *o* im Zeitintervall [*t*, *t*'] erhöht, falls der Stimulus *s* auf ein Vorkommnis *h* aus der Handlungsklasse *H* des Organismus *o* zum Zeitpunkt *t* folgt, dann erhöht sich die relative Häufigkeit der Vorkommnisse aus der Handlungklasse *H* des Organismus *o* im Zeitintervall [*t*, *t*'].

Dieser Satz ist — zugegebenermaßen — recht unübersichtlich. Übersichtlicher wird er sofort dadurch, daß wir seine logische Struktur herausarbeiten. Wie schon oben führen wir die folgenden Abkürzungen respektive Benennungen ein:

(ii) = *s* folgt auf *h* ...
(iii) = die relative Häufigkeit der Vorkommnisse ... erhöht sich ...

Die logische Form von (8) läßt sich nun darstellen als:

Wenn (ii) und (Wenn (ii), dann (iii)), dann (iii).

Dieses Schema ist logisch gültig, wie man sich leicht durch eine Interpretation klarmachen kann. Diesen Nachweis will ich hier jedoch nicht führen. Wenn das obige Schema gültig ist, dann ist jeder Satz, dessen logische Form durch dieses Schema indiziert wird, eine logische Wahrheit. Da (8) genau diese logische Form aufweist, ist (8) ein logisch wahrer Satz.

Überlegen wir uns nun, welche dritte Möglichkeit einer Rekonstruktion der *Skinnerschen* Verstärkerdefinition offensteht. Einen Hinweis darauf kann man einerseits in *Carnaps* Versuchen sehen, mit Hilfe von sogenannten 'Reduktionssätzen' Dispositionsprädikate zu definieren (vgl. *Carnap* 1936, S. 441 ff.) und andererseits in dem Teil der Definitionslehre, der sich mit sogenannten 'bedingten Definitionen' befaßt (vgl. *Suppes* 1957, S. 165 f.).

Sowohl bei Definitionen durch 'Reduktionssätze' als auch bei 'bedingten Definitionen' wird so verfahren, daß einer 'echten' Definition eine 'Hypothese', d. h. eine konditionale Klausel vorangestellt wird. Betrachten wir etwa den Fall, in dem der Divisionsoperator definitorisch eingeführt wird:

Wenn $y \neq 0$, dann $\frac{x}{y} = z$ genau dann, wenn $x = y \cdot z$.

Ohne die 'Hypothese' „$y \neq 0$" lautete die Definition:

$\frac{x}{y} = z$ genau dann, wenn $x = y \cdot z$.

Daraus können wir jedoch die Konsequenzen "$\frac{0}{0} = 1$" und "$\frac{0}{0} = 2$" gewinnen und hieraus "$1 = 2$", was der elementaren Zahlentheorie jedoch widerspricht.

Ein Nachteil bedingter Definitionen ist freilich der Umstand, daß sie nicht in allen Fällen die Eliminierbarkeit des Definiendums gestatten, ein Nachteil, der jedoch nicht allzu schwer wiegt, da die bedingten Definitionen ohnehin auf die 'interessanten' Fälle zugeschnitten sind: Die bedingte Definition des Divisionsoperators ist auf die Fälle zugeschnitten, in denen y verschieden von 0 ist.

Die Methode der Definition durch Reduktionssätze von *Carnap* vorzustellen und zu diskutieren ist hier aus Raumgründen nicht möglich. Ich will mir nur eine kurze Bemerkung gestatten: *Carnap* versucht, dispositionelle Ausdrücke durch 'Beobachtungsausdrücke' zu definieren und dadurch die theoretische Sprache in eine 'reine Beobachtungssprache' zu übersetzen. Dies dürfte *Skinners* einschlägigen Ideen recht nahekommen.

Eine 'bedingte Definition' des Prädikats „. . . ist ein positiver Verstärker . . ." wird entsprechend dem obigen Beispiel aus der elementaren Mathematik so aussehen:

(9a) *Definition:* Wenn ein Stimulus s auf ein Vorkommnis h aus einer Handlungsklasse H eines Organismus o zum Zeitpunkt t folgt, dann gilt: Der Stimulus s ist ein positiver Verstärker für die Handlungsklasse H des Organismus o im Zeitintervall $[t, t']$ genau dann, wenn sich die relative Häufigkeit der Vorkommnisse aus der Handlungsklasse H des Organismus o im Zeitintervall $[t, t']$ erhöht.

Und für das Prädikat „. . . ist ein negativer Verstärker . . .":

(9b) *Definition:* Wenn ein Stimulus *s* nach einem Vorkommnis *h* aus der Handlungsklasse *H* eines Organismus *o* zum Zeitpunkt *t* entfernt wird, dann gilt: Der Stimulus *s* ist ein negativer Verstärker für die Handlungsklasse *H* des Organismus *o* im Zeitintervall [*t, t'*] genau dann, wenn sich die relative Häufigkeit der Vorkommnisse aus der Handlungsklasse *H* des Organismus *o* im Zeitintervall [*t, t'*] erhöht.

Diese beiden Definitionen haben die kontra-intuitiven Konsequenzen von (2a) und (2b) sowie von (7a) und (7b) nicht mehr. Wenn in einem speziellen Fall ein Stimulus s_i nicht auf ein Vorkommnis h_i . . . folgt oder wenn ein Stimulus s_i nach einem Vorkommnis h_i . . . nicht entfernt wird, dann wird dadurch der Wahrheitswert des definitorischen Bikonditionals, also der 'eigentlichen' Definition, nicht berührt. Freilich ist in solchen Fällen, wie oben schon gesagt, die Definition auch nicht anwendbar.

Fragen wir uns nun, inwieweit die beiden Definitionen (9a) und (9b) *Skinner* gerecht werden. Betrachten wir hierzu eine wichtige Passage (*Skinner* 1953, S. 72 f.):

„. . . immer noch wird geglaubt, Verstärker könnten unabhängig von ihren Effekten auf einen bestimmten Organismus identifiziert werden. Dieser Ausdruck wird hier jedoch so verwendet, daß das einzige definierende Charakteristikum eines verstärkenden Stimulus darin besteht, daß er verstärkt. Die einzige Art und Weise herauszufinden, ob ein bestimmtes Ereignis für einen bestimmten Organismus unter bestimmten Bedingungen verstärkend ist oder nicht, besteht darin, einen direkten Test durchzuführen. Wir beobachten die Häufigkeit eines ausgewählten Response, lassen auf ihn ein Ereignis folgen und beobachten jede Änderung seiner Häufigkeit. Wenn eine Änderung eintritt, dann klassifizieren wir das Ereignis als für den Organismus unter diesen vorhandenen Bedingungen verstärkend. An der Klassifizierung von Ereignissen in terminis ihrer Effekte ist nichts zirkuläres; das Kriterium ist sowohl empirisch als auch objektiv."

Diese Passage ist deshalb wichtig, weil sie überdeutlich zeigt, daß *Skinner* einen sehr bescheidenen Verstärkerbegriff im Auge hat; er will ja nur wissen, „ob ein *bestimmtes* Ereignis für einen *bestimmten* Organismus unter *bestimmten* Bedingungen verstärkend ist oder nicht" (Hervorhebungen von mir, H.W.B.), er ist offenbar an einer allgemeinen Charakterisierung von Verstärkern nicht interessiert.[2] Diesem bescheidenen Verstärkerbegriff habe ich in den bisherigen Definitionsversuchen dadurch Rechnung getragen, daß ich stets formuliert habe: „Der Stimulus *s* ist ein positiver (respektive negativer) Verstärker für die Handlungsklasse *H* des Organismus *o* im Zeitintervall

---

[2] Dieses Desinteresse *Skinners* offenbart möglicherweise einen gesunden Realitätssinn. Die physiologische Psychologie lehrt uns nämlich, daß die Menge der verstärkenden Stimuli keine 'natürliche Art' ist wie zum Beispiel eine Spezies. Man kennt kein allgemeines Charakteristikum von verstärkenden Stimuli (vgl. *Carlson* 1981, S. 537, S. 544). Verstärkende Wirkungen können im Prinzip von fast jeder Entität ausgehen. Die Verstärkerdefinition *Skinners* berücksichtigt diesen Sachverhalt durchaus.

[*t, t'*]", die Geltung des Verstärkerprädikates also auf ein *bestimmtes (Stimulus-)Ereignis,* auf einen *bestimmten Organismus,* auf *bestimmte Bedingungen* eingeschränkt habe.

Noch wichtiger ist die zitierte Passage deshalb, weil sie von einer anderen Seite Licht auf *Skinners* Verstärkerbegriff wirft. Den Glauben, „Verstärker könnten unabhängig von ihren Effekten identifiziert werden", lehnt er ja offensichtlich ab. Seine diesbezügliche Überzeugung wird man demnach zunächst folgendermaßen wiedergeben können:

(10) Verstärker können nicht unabhängig von ihren Effekten identifiziert werden.

Dieser Satz kann durch die Einführung des Modal-Operators „es ist möglich, daß . . ." rephrasiert werden zu:

(11) Es ist nicht möglich, daß Verstärker unabhängig von ihren Effekten identifiziert werden.

Überlegen wir uns, auf welche Weise wir das Prädikat „. . . ist unabhängig von — —" am angemessensten deuten können. Von Wichtigkeit dürfte dabei vor allem die Frage sein, ob dieses Prädikat eine symmetrische oder aber eine nicht-symmetrische Relation bezeichnet.

Nehmen wir zunächst an, es bezeichne eine symmetrische Relation. Dann darf von (11) übergegangen werden zu (12):

(12) Es ist nicht möglich, daß Effekte auftreten unabhängig davon, daß Verstärker identifiziert werden.

Dieser Satz ist nicht sonderlich klar, aber in dem hier zugrundeliegenden Kontext dürfte er soviel bedeuten wie:

> Es ist nicht möglich, daß die relative Häufigkeit der Vorkommnisse aus der Handlungsklasse *H* eines Organismus *o* im Zeitintervall [*t, t'*] sich erhöht unabhängig davon, daß ein Stimulus *s* als positiver (respektive negativer) Verstärker für die Handlungsklasse *H* des Organismus *o* zum Zeitpunkt *t* identifiziert wird.

Dies jedoch wäre eine extrem phänomenalistische These, die das Bestehen von Sachverhalten abhängig von ihrem Beobachtetwerden macht. Wenn sie zuträfe, dann dürfte sich die relative Häufigkeit der Vorkommnisse aus einer Handlungsklasse H_i eines Organismus o_i . . . nicht erhöhen, wenn Organismen (einschließlich o_i) oder auch Apparaturen den Stimulus s_i nicht als positiven (respektive negativen) Verstärker für den Organismus o_i . . . identifizieren. Zwar hat *Skinner* früher phänomenalistische Auffassungen vertreten, wie aus dem folgenden Satz hervorgeht: „Verhalten ist das, was ein Organismus *tut* — oder genauer, das Tun, das von einem anderen Organismus beobachtet wird" (*Skinner* 1938, S. 6; Hervorhebung im Original), doch sind diese Auffassungen später zumindest in den Hintergrund gerückt, wenn nicht gar völlig verschwunden. Bei einigem Wohlwollen jedenfalls sollte man *Skinner* im Hinblick auf das gegenwärtige Problem keine Intention unterstellen, die zu absurden Konsequenzen führt.

Interpretieren wir also das Prädikat „. . . ist unabhängig von — —“ so, daß es sich auf eine nicht-symmetrische Relation bezieht. Im Anschluß an Formulierungen von *Suppes* (1957, S. 70 ff.) können wir etwa sagen:

> *Q* ist unabhängig von *P* genau dann, wenn das Konditional „Wenn *P*, dann *Q*“ nicht universell gültig ist, d. h. wenn *Q* nicht aus *P* folgerbar ist. Und: *Q* ist aus *P* nicht folgerbar genau dann, wenn es möglich ist, daß *Q* falsch und *P* wahr ist.

In Analogie hierzu sage ich jetzt:

> Ein Ereignis *e* ist unabhängig von einem Ereignis *e‘* genau dann, wenn es möglich ist, daß *e* eintritt und *e‘* nicht eintritt.

Damit können wir (11) überführen in (13):

(13) Es ist nicht möglich, daß es möglich ist, daß Verstärker identifiziert werden und Effekte nicht eintreten.

Im System S5 der Modal-Logik (vgl. *Hughes & Cresswell* 1972, S. 49) darf der modale Operator „es ist möglich, daß es möglich ist, daß . . . “ reduziert werden auf „es ist möglich, daß . . . “. Daß für den negierten Fall dasselbe zutrifft, dürfte zumindest plausibel sein. Damit können wir (13) umformen in (14):

(14) Es ist nicht möglich, daß Verstärker identifiziert werden und Effekte nicht eintreten.

Da wir nach dem System T der Modal-Logik (vgl. *Hughes & Cresswell* 1972, S. 26) „es ist nicht möglich, daß . . .“ ersetzen dürfen durch „es ist notwendig, daß nicht . . .“, und ein Satz der Form „Es ist nicht der Fall, daß *P* und non-*Q*“ logisch äquivalent mit einem Satz der Form „Wenn *P*, dann *Q*“ ist, können wir (14) in (15) umformen:

(15) Es ist notwendig, daß Effekte eintreten, wenn Verstärker identifiziert werden.

Formulieren wir nun diesen Satz mit Hilfe unserer Standardterminologie:

(16) Es ist notwendig, daß sich die relative Häufigkeit der Vorkommnisse aus einer Handlungsklasse *H* eines Organismus *o* im Zeitintervall [*t*, *t‘*] erhöht, wenn ein Stimulus *s* als positiver (respektive negativer) Verstärker für die Handlungsklasse *H* des Organismus *o* zum Zeitpunkt *t* identifiziert wird.

Drei Punkte scheinen mir an dieser Formulierung problematisch zu sein: Erstens ist nicht klar, was genau mit dem Notwendigkeitsoperator gemeint ist. Erinnern wir uns an das *Leibniz*-Zitat in § 3. Nach meiner Interpretation dürfen die notwendigen Wahrheiten von *Leibniz* mit logischen Wahrheiten identifiziert werden. (16) jedoch ist sicher keine logische Wahrheit. Jedoch könnte (16) als analytische Wahrheit intendiert sein. Zweitens ist hier nicht die Rede davon, daß der Stimulus *s* zum Zeitpunkt *t* auftritt respektive entfernt wird. Dies jedoch dürfte stillschweigend vorausgesetzt sein, da sonst der Antecedens-Satz nicht viel Sinn hat. Drittens stört die Phrase „ein Stimulus *s* wird als ... Verstärker ... identifiziert". Falls„identifizieren als ..." hier im Sinne eines empirischen Feststellungsverfahrens gemeint ist, erhalten wir wieder einen phänomenalistischen Akzent, der die oben skizzierten absurden Konsequenzen hat. Mit „identifizieren als . . ." könnte jedoch sehr wohl „bezeichnen als . . ." gemeint sein.

Versuchen wir nach diesen Überlegungen (16) zu reformulieren:

(17) Es ist analytisch wahr, daß, falls ein Stimulus *s* auf ein Vorkommnis *h* aus einer Handlungsklasse *H* eines Organismus *o* zum Zeitpunkt *t* folgt (respektive nach einem Vorkommnis *h* . . . zum Zeitpunkt *t* entfernt wird), der Stimulus *s* als „positiver (respektive negativer) Verstärker" für die Handlungsklasse *H* des Organismus *o* im Zeitintervall [*t*, *t*'ʻ]" bezeichnet wird, falls sich die relative Häufigkeit der Vorkommnisse aus der Handlungsklasse *H* des Organismus *o* im Zeitintervall [*t*, *t*ʻ] erhöht.

Man kann (17) als Definition des Prädikates „. . . ist ein ... Verstärker ..." auffassen. Darauf verweist die Anfangsphrase „Es ist analytisch, daß . . .", und analytische Sätze kann man stets als (partielle) Definitionen verstehen. Unter der Voraussetzung, daß (17) als partielle Definition des Verstärkerprädikates aufgefaßt werden kann (was ich voraussetze), wird man diesen Satz als „bedingte partielle Definition des Prädikates ʻ . . . ist ein . . . Verstärker . . .ʻ" bezeichnen können.

Untersuchen wir nun kurz, in welcher logischen Beziehung (17) — ohne Berücksichtigung der Anfangsphrase — zu (9a) und (9b) steht. Der Einfachheit halber greife ich lediglich (9a) heraus und lasse in (17) die in runden Klammern stehenden Ausdrücke, die sich auf negative Verstärker beziehen, unberücksichtigt.

Sowohl in (9a) als auch in (17) kommen die drei Teilsätze vor:

(i) = *s* ist ein positiver Verstärker . . .
(ii) = *s* folgt auf *h* . . .
(iii) = die relative Häufigkeit . . . erhöht sich . . .

(9a) hat die logische Form:

Wenn (ii), dann gilt: (i) genau dann, wenn (iii).

(17) dagegen hat die logische Form:

Wenn (ii), dann gilt: Wenn (iii), dann (i).

Man erkennt hier auf einen Blick, daß (17) aus (9a) folgt. Die 'Hypothese', d. h. die konditionale Klausel „Wenn (i)" kommt in beiden Fällen vor, das Consequens von (9a) ist als Bikonditional jedoch logisch stärker als das Consequens von (17), das nur ein Konditional ist. (17) folgt aus (9a), nicht jedoch umgekehrt. Das Resultat unserer recht aufwendigen Analyse des Satzes (10) („Verstärker können nicht unabhängig von ihren Effekten identifiziert werden") hat also lediglich gezeigt, daß aus der durch Analyse und Rekonstruktion gewonnenen Definition (9a) eine andere, ebenfalls durch Analyse und Rekonstruktion entstandene Definition (17) folgt. Falls (9a) 'wahr' ist (in dem Sinne, daß *Skinner* adäquat interpretiert wurde), dann dürfte auch (17) 'wahr' sein (in eben diesem Sinne). Selbstverständlich folgt daraus nicht, daß sich umgekehrt die Adäquatheit von (17) auf (9a) überträgt. Weil aber (17) aus (9a) folgt, ist (17) eine schwache 'stützende' Evidenz für (9a), auf jeden Fall aber keine Gegenevidenz. Man wird demgemäß nicht ohne weiteres behaupten dürfen, daß (17) klar zeigt, daß (9a) (und damit auch (9b)) den Intentionen *Skinners* entspricht; an Plausibilität im Rahmen meiner *Skinner*-Interpretation jedoch dürften (9a) und (9b) durch (17) etwas gewinnen.

Prüfen wir zum Abschluß dieses Paragraphen, welche Konsequenzen die von mir vorgeschlagenen 'Rekonstrukte' der Verstärkerdefinitionen für das „Gesetz der Konditionierung vom Typ R" haben, das als Satz (4) formuliert wurde.

Verwenden wir noch einmal die folgenden Abkürzungen:

(i) = *s* ist ein positiver Verstärker . . .
(ii) = *s* folgt auf *h* . . .
(iii) = die relative Häufigkeit . . . erhöht sich . . .

Abgekürzt lautet (9a) dann:

Wenn (ii), dann gilt: (i) genau dann, wenn (iii).

Abgekürzt lautet (4):

Wenn (ii) und (i), dann (iii).

Daß (4) relativ auf (9a) analytisch ist, kann auf zweierlei Weise gezeigt werden: Erstens dadurch, daß wir in (4) (i) ersetzen durch sein definitorisches Äquivalent (iii). Zwar ist (9a) nur eine bedingte Definition, doch dürfen wir sie auf (4) anwenden, weil in (4) die konditionale Klausel (ii) vorkommt. Durch die Ersetzung erhalten wir:

Wenn (ii) und (i), dann (i).

Dies ist eine logische Wahrheit, und damit ist (4) als analytisch erwiesen. Zweitens kann man zeigen, daß (4) aus (9a) folgt. (4) ist falsch bei genau einer Interpretation *J*. Diese Interpretation ordnet (ii) und (i) jeweils den Wahrheitswert „wahr" zu und (iii) den Wahrheitswert „falsch". Bei dieser Interpretation ist (4) also falsch. Aber auch (9a) ist bei dieser Interpretation falsch. Und es gibt keine Interpretation, bei der (9a) wahr, (4) jedoch falsch ist. Da (9a) eine Definition ist, jede Definition analytisch ist (was man dadurch zeigen kann, daß man sie auf sich selbst anwendet) und (4) aus (9a) folgt, ist (4) ebenfalls analytisch.

Wenn (9a) eine angemessene Formulierung der Definition des Prädikates „. . . ist ein positiver Verstärker . . ." ist und (4) eine angemessene Formulierung des „Gesetzes der Konditionierung vom Typ *R*" ist, dann ist dieses 'Gesetz' ganz klar als analytisch erwiesen. Wenig verständlich ist dann freilich, warum *Skinner* den fraglichen Satz als „Gesetz", ja sogar als „dynamisches Gesetz" bezeichnet (vgl. *Skinner* 1938, S. 21). Diese Frage — die ich höchst interessant finde — kann ich hier leider nur durch eine ironisch-rhetorische Gegenfrage beantworten.

Hempel und *Oppenheim* sind in einem (zu Recht) berühmt gewordenen Aufsatz über die „Logik der Erklärung" u.a. der Frage nachgegangen, was unter „Gesetzen" zu verstehen sei (vgl. *Hempel & Oppenheim* 1948, S. 152f.). Dieses Problem reduzieren sie auf das Problem, den Begriff des gesetzesartigen Satzes zu explizieren:

„Wir werden die Klasse der gesetzesartigen Sätze so konstruieren, daß sie sowohl analytisch allgemeine Sätze wie 'Eine Rose ist eine Rose' als auch die gesetzesartigen Sätze der empirischen Wissenschaft, die empirischen Gehalt besitzen, enthält" (*Hempel & Oppenheim* 1948, S. 153).

Meine rhetorische Gegenfrage lautet: Wenn schon berühmte Wissenschaftsphilosophen zu den gesetzesartigen Sätzen die analytischen Sätze zählen, warum soll dann *Skinner*, der zwar ein hervorragender Experimentalpsychologe ist, dessen Berühmtheit als Wissenschaftsphilosoph sich insbesondere mit der von *Hempel* jedoch nicht messen kann, analytische Sätze nicht als „(dynamische) Gesetze" ausgeben?

§ 8: Der empirische Gehalt der Austauschtheorie von Homans

Endlich bin ich so weit gekommen, daß ich der Frage nachgehen kann, ob die Austauschtheorie von *Homans* empirisch gehaltvoll ist. Dabei werde ich mich weitgehend auf jenen Aspekt von „Gehalt" konzentrieren, den ich in § 3 ausführlich anhand seines Gegenstückes behandelt habe, nämlich den Aspekt der Synthetizität, d. h. Nicht-Analytizität. Andere Aspekte (vgl. § 2) werde ich lediglich streifen.

Die Hypothesen der Austauschtheorie, die *Homans* „Propositionen" nennt, sind mit der Ausnahme der fünften als Je-desto-Sätze formuliert. Daher scheint es nützlich zu sein, zu überlegen, auf welche Weise solche Sätze gedeutet werden können. Dabei gehe ich von der Annahme aus, daß jeder Satz, der etwas behauptet, mit den Mitteln, die Logik und Mathematik bereitstellen, formuliert werden kann.

Einen wichtigen Hinweis darauf, wie *Homans* die Je-desto-Sätze seiner Theorie verstanden wissen will, gibt er mit den folgenden Worten:

„Wir haben gesagt, daß eine Proposition eine Beziehung zwischen Eigenschaften der Natur behauptet. Die Propositionen, die wir verwenden werden, werden zwei Extreme vermeiden. Einerseits werden sie nicht von der Art sein, daß sie lediglich sagen, daß es *irgendeine* Beziehung zwischen den Eigenschaften gibt, daß x *irgendeine* Funktion von y ist, da die Logik nicht in der Lage ist, eindeutige Folgerungen aus Propositionen dieser Art zu ziehen. Noch werden sie andererseits von der Form sein, daß sie behaupten, x sei eine eindeutige Funktion von y, etwa wie $x = \log y$, da die Daten selten eine solche Präzision rechtfertigen. Statt dessen werden sie so geartet sein, daß sie z. B. sagen: Wenn der Wert von x zunimmt, dann nimmt der von y ebenfalls zu (oder im Fall einiger Propositionen: er nimmt ab), ohne daß gesagt wird, um wieviel y zunimmt" (*Homans* 1974, S. 14); Hervorhebungen im Original; vgl. auch *Homans* 1964, S. 958).

Betrachten wir nun einen einfachen Je-desto-Satz:

Je unbefriedigter eine Person ist, desto stärker sucht sie nach Alternativen (frei nach *March & Simon* 1958, S. 48).

Diesen Satz kann man in einem Erklärungsargument verwenden:

Je unbefriedigter eine Person ist, desto stärker sucht sie nach Alternativen.
Peter ist unbefriedigter als Paul.
(Folglich): Peter sucht stärker nach Alternativen als Paul.

Wenn wir unserer Intuition folgen, werden wir dieses Argument wohl für gültig erachten. Ob es aber tatsächlich gültig ist, kann erst dann entschieden werden, wenn wir die beiden Phrasen „je unbefriedigter . . ." und „desto stärker . . ." so reformuliert haben, daß das Argument schon allein an seiner Form als gültig erkannt werden kann. Einen Hinweis darauf, wie eine solche Reformulierung aussehen könnte, erhalten wir durch einen Blick auf die zweite Prämisse und die Konklusion dieses Argumentes. In beiden Sätzen kommt ein zweistelliges Prädikat vor, das als Komparativ formuliert ist: „. . . ist unbefriedigter als — —" und „. . . sucht stärker nach Alternativen als — —". Da die erste Prämisse den Übergang von der zweiten Prämisse zur Konklusion gestattet (wenn wir unserer Intuition folgen), ist es unausweichlich, daß wir die Form der ersten Prämisse aus diesen beiden Prädikaten bilden, die wir durch „Wenn-dann" verknüpfen. Wir erhalten dann:

> Wenn . . . unbefriedigter ist als — —, dann sucht . . . stärker nach Alternativen als — —.[1]

[1] Selbstverständlich ist die hier gewählte Deutung von Je-desto-Sätzen nicht die einzig mögliche. Man kann sie zum Beispiel auch auffassen als Verbalisierungen von Korrelationen, insbesondere von Produkt-Moment-Korrelationen, von linearen Funktionen und von Differentialgleichungen und nicht nur, wie es hier geschieht, als Verbalisierungen von streng monotonen Funktionen.

Opp (1976, S. 293) vertritt die Auffassung (im Anschluß an *Hempel & Oppenheim* 1936, S. 98), daß Je-desto-Sätze nicht nur „als Implikationen", sondern „auch umgekehrt geschrieben werden können". Dazu führt er ein längeres Argument an, das ich hier nicht wiedergeben kann. Gemeint ist jedenfalls folgendes: Wenn der Satz

> Je höher das monatliche Einkommen einer Person ist, desto höher ist die monatliche Sparrate der Person

wahr ist, dann ist auch der Satz wahr

> Je höher die monatliche Sparrate einer Person ist, desto höher ist das monatliche Einkommen der Person,

d.h. aus dem ersten Satz (und einigen zusätzlichen Annahmen) folgt der zweite Satz und umgekehrt. Gerade auf diese zusätzlichen Annahmen kommt es an. *Hempel* und *Oppenheim* (1936, S. 97 f.) kommen zu ihrem Resultat dadurch, daß sie kräftige Idealisierungen vornehmen. Sie wählen das Beispiel einer Menge von Stäben aus dem gleichen homogenen Material, die kongruente Querschnitte haben. Aus dem Satz

> Je länger einer der Stäbe ist, desto schwerer ist er

können sie dann mit Hilfe der genannten idealisierenden Annahmen (und offenbar stillschweigend verwendeten Definitionen von „Volumen (eines Körpers)" und „spezifisches Gewicht (eines Körpers)") leicht den Satz

> Je schwerer einer der Stäbe ist, desto länger ist er

folgern. Damit haben sie aber keineswegs bewiesen, daß aus einem Je-desto-Satz generell seine 'Inversion' folgt und umgekehrt. Wenn dies der Fall wäre, dürfte man Je-desto-Sätze als generalisierte oder universelle Bikonditionalsätze deuten, z. B. den ersten der hier aufgeführten Sätze als

> Für alle Personen x, für alle Personen y gilt: Das monatliche Einkommen von x ist höher als das monatliche Einkommen von y genau dann, wenn die monatliche Sparrate von x höher ist als die monatliche Sparrate von y.

Dies aber ist, wenn wir unserer Intuition folgen, eine viel zu starke Interpretation. Da es bei der Deutung von Sätzen der Umgangssprache mit Hilfe der elementaren Logik keine Algorithmen gibt, dürfte es besser sein, Intuitionen zu folgen als unrealistische Argumente zu konstruieren.

Da wir annehmen, daß der fragliche Satz für alle Personen gilt, müssen wir ihm nur noch die beiden Allquantoren „Für alle Personen *x* gilt“ und „Für alle Personen *y* gilt“ voranstellen und „. . .“ und „ — — —“ durch „*x*“ respektive „*y*“ ersetzen, so daß das folgende Argument entsteht:

> Für alle Personen *x*, für alle Personen *y* gilt: Wenn *x* unbefriedigter ist als *y*, dann sucht *x* stärker nach Alternativen als *y*.
> Peter ist unbefriedigter als Paul.
> (Folglich): Peter sucht stärker nach Alternativen als Paul.

Daß dieses Argument gültig ist, ist nicht nur dann, wenn wir unserer Intuition folgen, zu erkennen, sondern auch dann, wenn wir dem Kanon der Logik folgen. Entweder wir führen einen direkten Beweis, indem wir die erste Prämisse allspezialisieren, d. h. die Quantoren wegfallen lassen und „*x*“ durch „Peter“ und „*y*“ durch „Paul“ ersetzen, und dann die Abtrennungsregel „Aus ‘Wenn *P*, dann *Q*‘ und ‘*P*‘ folgt ‘*Q*‘ “ anwenden. Oder wir führen einen indirekten Beweis, indem wir annehmen, die Konklusion sei falsch, die Prämissen jedoch seien wahr, und daraus einen Widerspruch folgern.

Daß der Je-desto-Satz auch noch anders gedeutet werden kann, zeigt ein weiteres Argument, das ebenfalls gültig zu sein scheint:

> Je unbefriedigter eine Person ist, desto stärker sucht sie nach Alternativen.
> Peter ist 1983 unbefriedigter als 1982.
> (Folglich): Peter sucht 1983 stärker nach Alternativen als 1982.

Eine Reformulierung gemäß dem Kanon der Logik ist nach den Überlegungen, die uns vom ersten Argument zum zweiten Argument führen, nicht schwierig. Sie dürfte zunächst wohl so aussehen:

> Für alle Personen *x*, für alle Zeitintervalle [*t*, *t*‘], für alle Zeitintervalle [t, t‘]‘gilt: Wenn *x* in[*t*, *t*‘]‘unbefriedigter ist als in [*t*, *t*‘], dann sucht *x* in [*t*, *t*‘]‘ stärker nach Alternativen als in [*t*, *t*‘].

Die Schreibweise kann man der kanonischen Notation noch stärker angleichen dadurch, daß man Funktoren verwendet. Durch die Verwendung von Funktoren können wir

> *x* ist in [*t*, *t*‘]‘ unbefriedigter als *x* in [*t*, *t*‘]

ersetzen etwa durch

> Das Befriedigungsniveau von *x* in [*t*, *t*‘]‘ ist geringer als das Befriedigungsniveau von *x* in [*t*, *t*‘],

und

> *x* sucht in [*t*, *t*‘]‘ stärker nach Alternativen als in [*t*, *t*‘]

durch

> Die Stärke der Alternativensuche von *x* in [*t*, *t*‘]‘ ist größer als die Stärke der Alternativensuche von *x* in [*t*, *t*‘].

Unter Verwendung der Funktorenschreibweise können wir dann das obige Argument folgendermaßen formulieren:

> Für alle Personen x, für alle Zeitintervalle $[t, t']$, für alle Zeitintervalle $[t, t']$‘ gilt: Wenn das Befriedigungsniveau von x in $[t, t']$‘ geringer ist als das Befriedigungsniveau von x in $[t, t']$, dann ist die Stärke der Alternativensuche von x in $[t, t']$‘ größer als die Stärke der Alternativensuche von x in $[t, t']$.
> Das Befriedigungsniveau von Peter im Zeitintervall [01.01.83, 31.12.83] ist geringer als das Befriedigungsniveau von Peter im Zeitintervall [01.01.82, 31.12.82].
> (Folglich): Die Stärke der Alternativensuche von Peter im Zeitintervall [01.01.83, 31.12.83] ist größer als die Stärke der Alternativensuche von Peter im Zeitintervall [01.01.82, 31.12.82].

Die Verwendung von Funktoren ist zwar etwas umständlich, aber sie ermöglicht eine beträchtliche Präzisionssteigerung. Und falls es notwendig erscheinen sollte, kann man nach ihrer Einführung relativ problemlos zu Formalisierungen übergehen.

Unser Argument ist auch in dieser Formulierung schnell als gültig erweisbar.

Welche der beiden Deutungen, die ich hier vorgestellt habe, vorzuziehen ist, läßt sich nur durch den jeweiligen Kontext entscheiden.

Wenden wir uns nun der ersten Hypothese der Austauschtheorie, der „Erfolgshypothese“, zu.

Sie lautet:

(HI) Für alle Handlungen, die von Personen ausgeführt werden, gilt: Je häufiger eine bestimmte Handlung einer Person belohnt wird, desto wahrscheinlicher wird die Person diese Handlung ausführen.

Daß hier lediglich über Handlungen, nicht aber über Personen quantifiziert wird, ist ein kleiner Schönheitsfehler, über den man leicht hinweg gehen kann, schon deshalb, weil die übrigen Hypothesen überhaupt keine Quantoren enthalten. Um Raum und Zeit zu sparen, werde auch ich Allquantoren (die als einzige in Betracht kommen) stets unterdrücken.

Eine erste Paraphrasierung von (HI) ergibt:

(HI, 1) Wenn eine Handlung h einer Person p häufiger belohnt wird als die Handlung h' der Person p, dann ist die Wahrscheinlichkeit, daß die Person p die Handlung h ausführt, größer als die Wahrscheinlichkeit, daß die Person p die Handlung h' ausführt.

Alternative Paraphrasierungen ergeben sich daraus, daß man — auf dieser Stufe der Rekonstruktion — statt der geordneten Paare $\langle h, p \rangle$ und $\langle h', p \rangle$

die geordneten Paare $\langle h, p\rangle$ und $\langle h, p'\rangle$ oder $\langle h, p\rangle$ und $\langle h', p'\rangle$ wählt. Diesen Möglichkeiten werde ich jedoch hier nicht nachgehen, da sie für mein Untersuchungsziel relativ unwichtig sind.

An (HI, 1) stören mich die folgenden Punkte. Erstens fehlen Zeitbezüge. Zweitens wird hier nicht zwischen Handlungsklassen und Vorkommnissen aus diesen Handlungsklassen unterschieden (vgl. § 7). Drittens wird der Ausdruck „belohnen" verwendet, der nach den Untersuchungen in § 6 durch „verstärken" substituiert werden darf. Viertens kommt der Ausdruck „Stimulus" nicht vor (genauer: es gibt keine Vorkommnisse aus der Ausdrucksklasse „Stimulus"). Diesen Ausdruck zu verwenden ist jedoch deshalb sinnvoll und nützlich, weil nur Stimuli die Entitäten sind, die verstärken. Fünftens wird hier von „Wahrscheinlichkeit" geredet, nicht aber von „relativer Häufigkeit". Da ich die Austauschtheorie von *Homans* als behavioristische Theorie im Sinne *Skinners* interpretiere (und ich diese Interpretation für angemessen halte), werde ich „Wahrscheinlichkeit" durch „relative Häufigkeit" ersetzen.

Durch Berücksichtigung dieser Einwände komme ich zu (HI, 2):

(HI, 2) Wenn ein Stimulus *s* für die Handlungsklasse *H* einer Person *p* im Zeitintervall $[t, t']$ häufiger ein positiver (respektive negativer) Verstärker ist als für die Handlungsklasse *H'* der Person im Zeitintervall $[t, t']$, dann ist die relative Häufigkeit von Vorkommnissen aus der Handlungsklasse *H* der Person *p* im Zeitintervall $[t'', t''']$ höher als die relative Häufigkeit von Vorkommnissen aus der Handlungsklasse *H'* der Person *p* im Zeitintervall $[t'', t''']$.

Fragen wir an dieser Stelle, ob (HI, 2) analytisch ist, wie zum Beispiel *Emerson* (1976, S. 339) behauptet. Ziehen wir dazu die Definition (9a) aus § 7 heran, in der das Prädikat „... ist ein positiver Verstärker ..." definiert wird. (Den Fall der negativen Verstärkung lasse ich — aus Raumgründen — unberücksichtigt.) (9a) bezeichne ich hier als (DI), wobei „*D*" naheliegenderweise für „Definition" steht, und „Organismus" ersetze ich durch „Person".

(DI) *Definition:* Wenn ein Stimulus *s* auf ein Vorkommnis *h* aus einer Handlungsklasse *H* einer Person *p* zum Zeitpunkt *t* folgt, dann gilt: Der Stimulus *s* ist ein positiver Verstärker für die Handlungsklasse *H* der Person *p* im Zeitintervall $[t, t']$ genau dann, wenn sich die relative Häufigkeit von Vorkommnissen aus der Handlungsklasse *H* der Person *p* im Zeitintervall $[t, t']$ erhöht.

Um (DI) auf (HI, 2) anwenden zu können, müssen wir voraussetzen, daß der Stimulus *s* Vorkommnissen *h* respektive *h'* aus Handlungsklassen *H* respektive *H'* ... folgt, eine Voraussetzung, die jedoch unproblematisch ist.

Ersetzen wir also die Phrasen „Stimulus *s* ist für die Handlungsklasse *H* . . . . . " und Stimulus *s* ist für die Handlungsklasse *H'* . . . " durch die entsprechenden definitionalen Äquivalente. Wir erhalten somit:

(HI, 3) Wenn sich die relative Häufigkeit von Vorkommnissen aus der Handlungsklasse *H* der Person *p* im Zeitintervall [*t*, *t'*] häufiger erhöht als die relative Häufigkeit von Vorkommnissen aus der Handlungsklasse *H'* der Person *p* im Zeitintervall [*t*, *t'*], dann ist die relative Häufigkeit von Vorkommnissen aus der Handlungsklasse *H* der Person *p* im Zeitintervall [*t"*, *t" '*] höher als die relative Häufigkeit von Vorkommnissen aus der Handlungsklasse *H'* der Person *p* im Zeitintervall [*t"*, *t" '*].

Dieser Satz mag in manchen Ohren wie der schiere Unsinn klingen. Jedoch ist es keineswegs unsinnig und — im übrigen — auch nicht analytisch, wovon man sich durch ein schlichtes 'Gedankenexperiment' überzeugen kann. Nehmen wir an, die relative Häufigkeit von Vorkommnissen aus der Handlungsklasse „ein Pfund Erdbeeren essen" der Person Peter hat sich im Zeitraum 1982 häufiger erhöht als die relative Häufigkeit von Vorkommnissen aus der Handlungsklasse „ein Flasche Rotwein trinken" der Person Peter im Zeitraum 1982. Daraus und aus (HI, 3) folgt dann, daß die relative Häufigkeit von Vorkommnissen aus der Handlungsklasse „ein Pfund Erdbeeren essen" der Person Peter etwa im Zeitraum 1983 höher ist als die relative Häufigkeit von Vorkommnissen aus der Handlungsklasse „eine Flasche Rotwein trinken" derselben Person im selben Zeitraum.

Stilistisch anstößig und sprachlogisch unbefriedigend ist vielleicht die Wendung „die relative Häufigkeit . . . erhöht sich häufiger".

Statt Sprachreinigung zu betreiben will ich diese Wendung graphisch darstellen. Betrachten wir die folgenden Abbildungen:

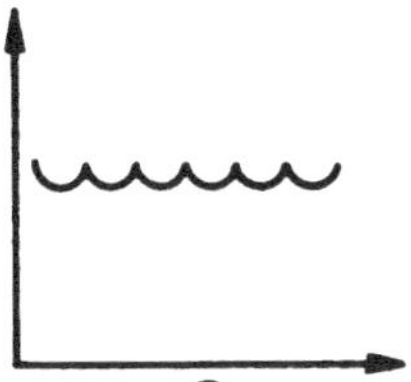
(1)

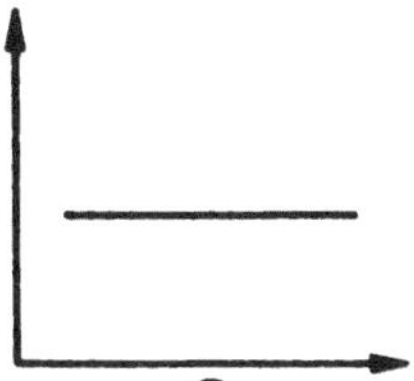
(2)

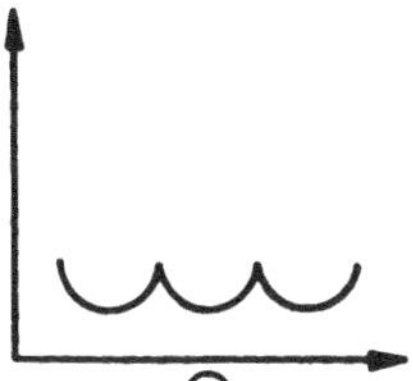
(1')

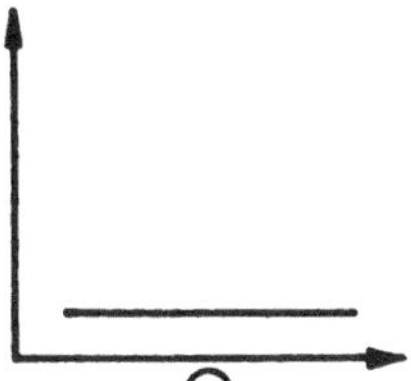
(2')

Zur Erläuterung: Im Graphen ① repräsentiert die Wellenlinie die Zu- und Abnahme der relativen Häufigkeit von Vorkommnissen aus der Handlungsklasse *H*.... Das analoge gilt in ①' für die Zu- und Abnahme der relativen Häufigkeit von Vorkommnissen aus der Handlungsklasse *H*'.... Wie man sieht, ist die Zu- und Abnahme in ① häufiger als in ①'. Die Effekte dieser Differenz werden in ② und ②' repräsentiert. Im Zeitintervall [*t*', *t*''] ist die relative Häufigkeit von Vorkommnissen aus *H*... höher als die der Vorkommnisse aus *H*'....

(HI, 3), und damit (HI), ist — jedenfalls bei meiner Interpretation — weder unsinnig noch analytisch. Auch dürfte sie empirischen Gehalt besitzen in dem Sinne, daß sie durch empirische Verfahren unproblematisch geprüft werden kann. Ob sie jedoch solchen Prüfungen standhält, ob sie also — falls die angewandten Verfahren angemessen sind — sich als wahr erweist, dürfte zweifelhaft sein.[2]

Kommen wir auf die zweite Hypothese, die „Stimulushypothese", zu sprechen. Sie lautet im Original:

(HII) Wenn in der Vergangenheit das Auftreten eines bestimmten Stimulus oder einer Menge von Stimuli die Gelegenheit war, bei der die Handlung einer Person belohnt wurde, dann gilt: Je ähnlicher die gegenwärtigen Stimuli den früheren sind, desto wahrscheinlicher wird die Person in der Gegenwart die Handlung oder eine ähnliche Handlung ausführen.

Anders als in (HI) ist hier nicht nur von „belohnenden (= verstärkenden)", sondern auch von „diskriminativen Stimuli" die Rede. Ein diskriminativer Stimulus folgt nicht zeitlich einem Response (d. h. einem Vorkommnis aus einer Handlungsklasse), sondern geht ihm zeitlich voran (vgl. *Skinner* 1953, S. 108 ff.): „... ein (diskriminativer) *Stimulus*... ist die Gelegenheit, nach der auf einen *Response* . . . eine Verstärkung . . . folgt" (*Skinner* 1953, S. 108; Hervorhebungen im Original; Einschub von mir, H. W. B.).

(HII) leistet einer Analyse und Rekonstruktion weit mehr Widerstand als (HI). Dieser Widerstand kann jedoch Schritt für Schritt überwunden werden. Der erste Schritt besteht darin, daß wir (HII) in die konditionale Klausel „Wenn in der Vergangenheit . . . belohnt wurde, dann gilt" und in den Je-desto-Satz zerlegen. Die Ereignisse, die in der konditionalen Klausel aufgeführt wurden, liegen in der Vergangenheit. Um diese Vergangenheit anzuzeigen, verwende ich die Variablenzeichen „*t*" und „[*t*, *t*']". Die Ereignisse der Vergangenheit können dann so beschrieben werden:

---

[2] Außerdem dürfte sie, worauf *Irle* (1975, S. 243) hinweist, mit *Skinners* Theorie unverträglich sein. In *Skinners* Theorie und Technologie der operanten Konditionierung spielen sogenannte 'Verstärkungspläne' („schedules of reinforcement") eine große Rolle. Davon nimmt *Homans* keine oder kaum Notiz.

> In Anwesenheit der Person *p* tritt vor dem Zeitpunkt *t* der diskriminative Stimulus s^{D} auf und zum Zeitpunkt *t* folgt auf ein Vorkommnis aus der Handlungsklasse *H* der Person *p* der Stimulus s und *s* ist für die Handlungsklasse *H* der Person *p* ein positiver Verstärker im Zeitintervall $[t, t']$.

Dies scheint — wenn man den Einschub „oder einer Menge von Stimuli" eliminiert — mit der Wenn-Klausel gemeint zu sein.

Welche Ereignisse aber liegen in der Gegenwart? Diese Frage erzeugt Verlegenheit, da die Ähnlichkeit von gegenwärtigen und früheren diskriminativen Stimuli weder allein der Gegenwart noch allein der Vergangenheit zugeordnet werden kann. Hier bieten sich zwei Lösungen an: Einerseits kann man „Ähnlichkeit" physikalisch (physikalistisch) deuten; Ähnlichkeit wäre dann eine objektive Eigenschaft von (Stimulus-)Paaren, unabhängig von wahrnehmenden Subjekten. In diesem Fall kann Ähnlichkeit als zeitunabhängige relationale Eigenschaft aufgefaßt werden. Andererseits kann man „Ähnlichkeit" kognitiv (kognitivistisch) deuten; Ähnlichkeit wäre dann nicht unbedingt eine Eigenschaft von (Stimulus-)Paaren, die allein darin bestünde, daß wahrnehmende und deutende Subjekten den (Stimulus-)Paaren diese relationale Eigenschaft zuschreiben (da man annehmen kann, daß physikalische Eigenschaften die Wahrnehmungen und Deutungen beeinflussen), sondern eine 'Resultante' von objektiven und subjektiven Größen. In diesem zweiten Fall kann Ähnlichkeit nicht als zeitunabhängige relationale Eigenschaft aufgefaßt werden. Leider wird bei *Homans* (vgl. *Homans* 1974, S. 24) nicht eindeutig gesagt, welcher Auffassung er anhängt, wenn auch eine physikalistische, d. h. hier: behavioristische, Schlagseite nicht zu übersehen ist. Meine Verlegenheit werde ich dadurch reduzieren, daß ich die Ähnlichkeitsrelation nicht mit Zeitbezügen versehen werde (allein schon aus Gründen der Bequemlichkeit), ohne damit aber große Ansprüche verbinden zu wollen.

In der Gegenwart liegen jedoch ohne Zweifel die folgenden Ereignisse:

> Der diskriminative Stimulus $s^{D'}$ tritt kurz vor t'' in Anwesenheit der Person *p* auf.
> Der diskriminative Stimulus $s^{D''}$ tritt kurz vor t'''' in Anwesenheit der Person *p* auf.
> Die relative Häufigkeit von Vorkommnissen aus der Handlungsklasse *H* der Person *p* im Zeitintervall $[t'', t''']$ ist höher als die relative Häufigkeit von Vorkommnissen aus der Handlungsklasse *H* der Person *p* im Zeitintervall $[t'''', t''''']$.

Und 'zeitlos' ist:

> Die Ähnlichkeit zwischen dem diskriminativen Stimulus $s^{D'}$ und dem diskriminativen Stimulus s^{D} ist größer als die Ähnlichkeit zwischen dem diskriminativen Stimulus $s^{D''}$ und dem diskriminativen Stimulus s^{D}.

(HII, 1) Wenn kurz vor dem Zeitpunkt t der diskriminative Stimulus s^{D} in Anwesenheit der Person p auftritt und wenn zum Zeitpunkt t auf ein Vorkommnis h aus der Handlungsklasse H der Person p der Stimulus s folgt und wenn s für die Handlungsklasse H der Person p ein positiver Verstärker im Zeitintervall $[t, t']$ ist, dann gilt: Wenn der diskriminative Stimulus $s^{D'}$ kurz vor dem Zeitpunkt t' in Anwesenheit der Person p auftritt und wenn der diskriminative Stimulus $s^{D''}$ kurz vor dem Zeitpunkt t'''' in Anwesenheit der Person p auftritt und wenn die Ähnlichkeit zwischen dem diskriminativen Stimulus $s^{D'}$ und dem diskriminativen Stimulus s^{D} größer ist als die Ähnlichkeit zwischen den diskriminativen Stimulus $s^{D''}$ und dem diskriminativen Stimulus s^{D}, dann ist die relative Häufigkeit von Vorkommnissen aus der Handlungsklasse H der Person p im Zeitintervall $[t'', t''']$ größer als die relative Häufigkeit von Vorkommnissen aus der Handlungsklasse H der Person p im Zeitintervall $[t'''', t''''']$.

Eine andere Rekonstruktion von (HII) erhielte man z. B. dadurch, daß man annähme, $s^{D'}$ träte gleichzeitig mit $s^{D''}$ auf (kurz vor t'). Dann müßte man zwischen den Vorkommnissen aus zwei verschiedenen Handlungsklassen H und H' derselben Person in einem Zeitintervall $[t'', t''']$ unterscheiden. Außer dieser Rekonstruktion gibt es selbstverständlich auch noch diejenigen, die zwei verschiedene Personen p und p' annimmt. Die Vorstellung dieser alternativen Rekonstruktionen ist mir — glücklicherweise — hier nicht möglich.

Stören wir uns nicht so sehr an der Schwachstelle „in Anwesenheit der Person p tritt . . . der diskriminative Stimulus s^{D} auf“. Eine Schwachstelle ist dies ja deshalb, weil man nicht ohne weiteres annehmen darf, daß die bloße Anwesenheit einer Person einen Stimulus zum kausalen Agenten für Handlungen dieser Person macht. (Eine solche Annahme könnte man vielleicht „para-physikalisch“ nennen.) Fragen wir statt dessen lieber danach, ob (HIII, 1) analytisch ist.

Diese Analytizitätsprobe will ich durchführen, indem ich den Teilsatz „s ist ein positiver Verstärker für die Handlungsklasse H der Person p im Zeitintervall $[t, t']$“ nach Maßgabe der Definition (DI) durch sein definitorisches Äquivalent ersetze und dann jeden Teilsatz des daraus resultierenden Satzes durch schematische Buchstaben repräsentiere. Dadurch stellt sich die logische Struktur von (HII, 1) heraus als:

Wenn P und P' und Q, dann gilt: Wenn R und R' und S, dann T.

Daß dieses Schema nicht gültig ist, sieht man sofort. (HII, 1) ist demnach nicht analytisch, jedenfalls nicht analytisch relativ auf (DI).

Ähnlich wie (HI, 3) ist (HII, 1) eine Hypothese, die „die Vergangenheit einer Person mit den gegenwärtigen Umständen der Person und ihrem gegenwärtigen Verhalten (verknüpft)" *(Homans* 1980, S. 390). Jedoch unterscheidet sich (HII, 1) von (HI, 3) dadurch, daß sie das Prädikat „. . . ist ähnlicher als — —" enthält. Wenn Ähnlichkeitsdifferenzen zwischen Paaren von diskriminativen Stimuli überhaupt nicht gemessen werden können oder wenn sie nur über ihre behaupteten Effekte gemessen werden können, dann besitzt die Stimulus-Hypothese keinen empirischen Gehalt. Die Auslassungen *Homans* zu diesem Punkt sind leider ziemlich zurückhaltend und unbestimmt. Er macht hierzu im wesentlichen drei Bemerkungen (*Homans* 1974, S. 24):

„Die entscheidende Variable in der Stimulus-Proposition ist offensichtlich der Grad der Ähnlichkeit zwischen gegenwärtigen Stimuli und jenen, unter denen eine Handlung in der Vergangenheit belohnt wurde."

„Die Art und Weise, in der Personen zwischen Kombinationen von Stimuli diskriminieren oder über Kombinationen von Stimuli generalisieren, ist der Gegenstand des Gebietes der Psychologie, das *Wahrnehmung* oder *Kognition* genannt wird" (Hervorhebungen im Original).

„Die tatsächliche Gefahr besteht . . . darin, daß einige Sozialwissenschaftler glauben könnten, daß Wahrnehmung und Kognition sich wesentlich von anderem Verhalten unterscheiden und daher einen anderen Erklärungstyp erfordern. Sie sind nicht wesentlich verschieden. Die Art und Weise, in welchen Personen wahrnehmen und denken, sind genauso stark durch die Resultate, die sie erzielen, determiniert wie andere Verhaltensweisen auch".

Die erste Bemerkung ist völlig zutreffend. Die zweite Bemerkung *könnte* den Eindruck erwecken, daß *Homans* eine Lücke im radikalen Behaviorismus entdeckt hat, eine 'Wahrnehmungs-' oder 'Kognitionslücke'. Dieser mögliche Eindruck wird allerdings durch die dritte Bemerkung wieder neutralisiert. Offensichtlich glaubt er, daß Wahrnehmung und Kognition, und damit auch Ähnlichkeitsdifferenzen zwischen Paaren von diskriminativen Stimuli, streng radikal-behavioristisch gedeutet und untersucht werden können. Wie dies genau geschehen soll, sagt er allerdings nicht.

Als radikalem Behavioristen stünden ihm drei Möglichkeiten zur Verfügung.

(i) Er *definiert* Ähnlichkeitsdifferenzen durch deskreptive Ausdrücke, die sich auf Differenzen von relativen Häufigkeiten von Vorkommnissen aus Handlungsklassen . . . beziehen.

(ii) Er behauptet, daß gewisse 'externe', d. h. unmittelbar beobachtbare Ereignisse (hinreichende oder notwendige) Bedingungen für die Wahrnehmung von Ähnlichkeitsdifferenzen sind.

(iii) Er behauptet, daß Ähnlichkeitsdifferenzen (hinreichende oder notwendige) Bedingungen für gewisse 'externe' Ereignisse sind.

Im ersten Fall besteht die Gefahr, daß die Stimulus-Hypothese analytisch wird. In den beiden anderen Fällen verschiebt er das Prüfbarkeitsproblem.

Es scheint mir demnach, daß über den empirischen Gehalt der Stimulus-Hypothese kein definitives Urteil gefällt werden kann.

Die dritte Hypothese, die „Wert-Hypothese", auf die ich mich nun konzentrieren möchte, ist diejenige Hypothese, die wohl am stärksten kritisiert wird. Insbesondere gegen sie wurde eingewendet, sie sei „zirkulär" oder „tautologisch" (oder auch beides) (vgl. etwa *Deutsch* 1964, S. 161; *Deutsch & Krauss* 1965, S. 115; *Liska* 1969, S. 446; *Abrahamson* 1970, S. 279; Emerson 1972, S. 39 f.; *Emerson* 1976, S. 341 ff.; *Turner* 1974, S. 244 ff.; *Turner* 1978, S. 234 ff.; *Chadwick-Jones* 1976, S. 215).

Die „Wert-Hypothese" lautet:

(HIII) Je wertvoller für eine Person das Ergebnis ihrer Handlung ist, desto wahrscheinlicher wird sie diese Handlung ausführen.

Die Hypothese (HIII) unterscheidet sich sprachlich von (HI) und (HII) dadurch, daß in ihr nicht mehr von „belohnen" gesprochen wird, sondern von „wertvoll". Zwar sagt *Homans* nirgendwo, was er unter „wertvoll" versteht, doch gibt er eine Definition von „Wert". Paraphrasieren wir (HIII) zunächst so, daß nicht mehr von „wertvoll", sondern von „Wert" die Rede ist:

(HIII, 1) Je höher für eine Person der Wert des Ergebnisses ihrer Handlung ist, desto wahrscheinlicher wird sie diese Handlung ausführen.

„Wert" führt *Homans* so ein: „Diese Variable, den Belohnungsgrad . . . werden wir *Wert* nennen" (*Homans* 1974, S. 25; vgl. auch *Homans* 1961, S. 40; *Homans* 1967, S. 15; *Homans* 1973, S. 554).

Damit können wir zu (HIII, 2) übergehen:

(HIII, 2) Je höher für eine Person der Belohnungsgrad des Ergebnisses ihrer Handlung ist, desto wahrscheinlicher wird sie diese Handlung ausführen.

Zwar findet sich der dem *Homansschen* Ausdruck „Belohnungsgrad" entsprechende Ausdruck „Verstärkungsgrad" bei *Skinner* nicht, doch kann man ihm durch geeignete Paraphrasen ersetzen. Um diese Paraphrasierung vorzubereiten, stelle ich zwei Überlegungen an:

(i) Das Ergebnis einer Handlung (genauer: eines Vorkommnisses aus einer Handlungsklasse) folgt trivialerweise stets dieser Handlung (genauer: diesem Vorkommnis aus dieser Handlungsklasse).

(ii) Das, was einem Vorkommnis aus einer Handlungsklasse folgt, ist stets ein Stimulus.

Wir müssen also dem eigentlichen Je-desto-Satz eine konditionale Klausel etwa der Art voranstellen:

> Wenn ein Stimulus *s* auf ein Vorkommnis *h* aus einer Handlungsklasse *H* einer Person zum Zeitpunkt *t* folgt, dann gilt: . . .

Der eigentliche Je-desto-Satz könnte unter Verwendung des Ausdrucks „Verstärkungsgrad" und durch Ersetzung von „Wahrscheinlichkeit" durch „relative Häufigkeit" in erster Annäherung so geschrieben werden:

> Je höher der Verstärkungsgrad eines Stimulus *s* für die Handlungsklasse *H* einer Person *p* ist, desto höher ist die relative Häufigkeit von Vorkommnissen aus der Handlungsklasse *H* der Person *p*.

Diese Formulierung ist wie gesagt eine erste Annäherung. Sie kann schon deshalb nicht befriedigen, weil Zeitbezüge fehlen. Aber sie gibt uns einen starken intuitiven Hinweis für unser weiteres Vorgehen.

Ersetzen wir nun das 'Je-desto-Idiom' durch das 'Wenn-dann-Idiom'. Dabei wollen wir annehmen, daß zwei verschiedene Stimuli *s* und *s'* für zwei verschiedene Handlungsklassen *H* und *H'* derselben Person *p* in verschiedenen Zeitintervallen [*t*, *t'*] und [*t"*, *t"'*] unterschiedliche Effekte haben.

> Wenn der Verstärkungsgrad des Stimulus *s* für die Handlungsklasse *H* der Person *p* im Zeitintervall [*t*, *t'*] höher ist als der Verstärkungsgrad des Stimulus *s'* für die Handlungsklasse *H'* der Person *p* im Zeitintervall [*t"*, *t"'*], dann ist die relative Häufigkeit der Vorkommnisse aus der Handlungsklasse *H* der Person *p* im Zeitintervall [*t*, *t'*] höher als die relative Häufigkeit der Vorkommnisse aus der Handlungsklasse *H'* der Person *p* im Zeitintervall [*t"*, *t"'*].

Sehen wir hier für einen Augenblick darüberhinweg, daß die konditionale Klausel, die dem letztgenannten Satz vorangehen soll, geändert, nämlich 'angereichert' werden muß. Wenden wir uns stattdessen dem Problem zu, auf welche Weise wir das Prädikat „der Verstärkungsgrad von . . . ist höher als der Verstärkungsgrad von — —" ersetzen können.

Erinnern wir uns daran, daß wir bisher immer von „positiven (respektive negativen) Verstärkern" gesprochen haben. Immer wieder kommen Phrasen vor wie:

> Der Stimulus *s* ist ein positiver (respektive negativer) Verstärker für die Handlungsklasse *H* der Person *p* im Zeitintervall [*t*, *t'*].

In Phrasen wie dieser wird der Begriff des Verstärkers als klassifikatorischer Begriff verwendet (vgl. § 3). Der Ausdruck „Verstärkungsgrad" legt einen (zumindest) komparativen Begriff nahe, wovon wir ja schon stillschweigend Gebrauch gemacht haben. Plausibel scheint mir zu sein, daß der Übergang von einem klassifikatorischen zu einem komparativen Verstärkerbegriff (über den Umweg von „Verstärkungsgrad") darin resultiert, daß ich sage:

Der Stimulus *s* ist für die Handlungsklasse *H* der Person *p* im Zeitintervall [*t*, *t*'] ein stärkerer positiver (respektive negativer) Verstärker als der Stimulus *s*' für die Handlungsklasse *H*' der Person *p* im Zeitintervall [*t*", *t*" '].

Eingeschränkt auf den Fall des positiven Verstärkers können wir demnach von der Definition (DI)

(DI) *Definition:* Wenn ein Stimulus *s* auf ein Vorkommnis *h* aus einer Handlungsklasse *H* der Person *p* zum Zeitpunkt *t* folgt, dann gilt: Der Stimulus *s* ist ein positiver Verstärker für die Handlungsklasse *H* der Person *p* im Zeitintervall [*t*, *t*'] genau dann, wenn sich die relative Häufigkeit von Vorkommnissen aus der Handlungsklasse *H* der Person *p* im Zeitintervall [*t*, *t*'] erhöht.

übergehen zu der Definition (DII):

(DII) *Definition:* Wenn ein Stimulus *s* auf ein Vorkommnis *h* aus einer Handlungsklasse *H* der Person *p* zum Zeitpunkt *t* folgt und wenn ein Stimulus *s*' auf ein Vorkommnis *h*' aus einer Handlungsklasse *H*' der Person *p* zum Zeitpunkt *t*" folgt, dann gilt: Der Stimulus *s* ist für die Handlungsklasse *H* der Person *p* im Zeitintervall [*t*, *t*'] ein stärkerer positiver Verstärker als der Stimulus *s*' für die Handlungsklasse *H*' der Person *p* imZeitintervall [*t*", *t*" '] genau dann, wenn sich die relative Häufigkeit der Vorkommnisse aus der Handlungsklasse *H* der Person *p* im Zeitintervall [*t*, *t*'] stärker erhöht als die relative Häufigkeit der Vorkommnisse aus der Handlungsklasse *H*' der Person *p* im Zeitintervall [*t*, *t*'].

In strenger Analogie zu (DII) können wir nun die Wert-Hypothese von *Homans* folgendermaßen paraphrasieren, wobei die Schwäche der ursprünglichen Konditional-Klausel wie von selbst verschwindet:

(HIII, 3) Wenn ein Stimulus *s* auf ein Vorkommnis *h* aus einer Handlungsklasse *H* der Person *p* zum Zeitpunkt *t* folgt und wenn ein Stimulus *s*' auf ein Vorkommnis *h*' aus einer Handlungsklasse *H*' der Person *p* zum Zeitpunkt *t*" folgt, dann gilt: Wenn der Stimulus *s* für die Handlungsklasse *H* der Person *p* im Zeitintervall [*t*, *t*'] ein stärkerer positiver Verstärker ist als der Stimulus *s*' für die Handlungsklasse *H*' der Person *p* im Zeitintervall [*t*", *t*" '], dann erhöht sich die relative Häufigkeit der Vorkommnisse aus der Handlungsklasse *H* der Person *p* im Zeitintervall [*t*, *t*'] stärker als die relative Häufigkeit der Vorkommnisse aus der Handlungsklasse *H*' der Person *p* im Zeitintervall [*t*", *t*" '].

Untersuchen wir nun, ob (HIII) analytisch ist, dadurch, daß wir die Definition (DII) auf die Paraphrase (HIII, 3) anwenden. (DII) erlaubt die Ersetzung von

Der Stimulus *s* ist ein stärkerer positiver Verstärker . . .

durch

Die relative Häufigkeit der Vorkommnisse . . . erhöht sich stärker . . .

Aus (HIII, 3) und (DII) resultiert also der Satz (HIII, 4):

(HIII, 4) Wenn ein Stimulus *s* auf ein Vorkommnis *h* aus einer Handlungsklasse *H* der Person *p* zum Zeitpunkt *t* folgt und wenn ein Stimulus *s*' auf ein Vorkommnis *h*' aus einer Handlungsklasse *H*' der Person *p* zum Zeitpunkt *t*" folgt, dann gilt: Wenn sich die relative Häufigkeit der Vorkommnisse aus der Handlungsklasse *H* der Person *p* im Zeitintervall [*t*, *t*'] stärker erhöht als die relative Häufigkeit der Vorkommnisse aus *H*' der Person *p* im Zeitintervall [*t*", *t*" '], dann erhöht sich die relative Häufigkeit von Vorkommnissen aus der Handlungsklasse *H* der Person *p* im Zeitintervall [*t*, *t*'] stärker als die relative Häufigkeit von Vorkommnissen aus der Handlungsklasse *H*' der Person *p* im Zeitintervall [*t*", *t*" '].

Der Satz (HIII, 4) ist logisch wahr. Seine logische Struktur läßt sich anzeigen durch das Schema

Wenn *P* und *P*', dann gilt: Wenn *Q*, dann *Q*.

Dieses Schema ist logisch gültig; logisch gültig ist es schon allein deshalb, weil „Wenn *Q*, dann *Q*" logisch gültig ist. Die logische Struktur der konditionalen Klausel ist deshalb unwichtig.

Da (HIII, 4) logisch wahr ist und aus (HIII, 3) und (DII) mittels Substitution entstanden ist, ist (HIII, 3) analytisch, sie hat also keinen empirischen Gehalt, oder ihr empirischer Gehalt ist minimal.

Werfen wir nun einen Blick darauf, wie *Homans* selbst seine „Wert-Hypothese" einschätzt.

Homans (1974, S. 33 ff.; vgl. auch *Homans* 1973, S. 556) diskutiert unter der Überschrift „Die Wert-Proposition als eine Tautologie" einige kritische Einwände gegen diese Hypothese (ohne freilich Namen zu nennen). Den 'Tautologie-Vorwurf' formuliert er so:

> „. . . sie sagen, das einzige Maß von 'Wert' sei die andere Variable in der Proposition, die Häufigkeit, mit der eine Handlung ausgeführt wird, und daß es genau diese Tatsache sei, die die Proposition tautologisch mache" (*Homans* 1974, S. 34).

Homans versucht, „mit dieser Kritik indirekt fertig zu werden" (*Homans* 1974, S. 34). Nach einer Diskussion über das zweite Axiom der *Newtonschen* Mechanik, dem der gleiche 'Tautologie-Vorwurf' gemacht worden sei, konstruiert er ein Argument, mit dessen Hilfe er sich der Vorwürfe zu erwehren können glaubt (*Homans* 1974, S. 36):

„1. Je wertvoller für eine Person das Ergebnis ihrer Handlung ist, desto wahrscheinlicher wird sie diese Handlung ausführen. (Die Wert-Proposition.)

2a. Für einen Chinesen ist Tee wertvoller als Milch.

3a. Folglich ist es wahrscheinlicher, daß ein Chinese eine Handlung ausführt, die darin resultiert, daß er Tee erhält, als eine Handlung, die darin resultiert, daß er seine Milch erhält".

Um seine Verteidigungsposition zu stärken, gibt er an derselben Stelle ein weiteres Argumentbeispiel:

„1. Je wertvoller für eine Person das Ergebnis ihrer Handlung ist, desto wahrscheinlicher wird sie diese Handlung ausführen.

2b. Eine Person, die in ihrem Beruf unerfahren ist, findet wahrscheinlich ein gewisses Ausmaß an Rat, wie sie ihren Beruf ausüben sollte, wertvoller als das Resultat daraus, ihren Beruf ohne einen solchen Rat auszuüben.

3b. Folglich versucht eine unerfahrene Person eher einen Rat zu erhalten als den Beruf ohne ihn auszuüben".

Bei diesen beiden Argumenten kommt es ihm vor allem darauf an, daß der „Ausdruck 'Wert' eliminiert (wird)" (*Homans* 1974, S. 36):

„. . . die größere Prämisse . . ., die Wert-Proposition, kann nicht direkt geprüft werden, aber die Konklusionen der deduktiven Systeme, die Propositionen (3a) und (3b), können auf diese Weise getestet werden".

Setzen wir voraus, die beiden Argumente seien gültig (was jedenfalls für das erste unproblematisch ist). Was gewinnt *Homans* dadurch, daß er mittels Folgerung einen Satz erhält, in dem der Ausdruck „wertvoller" nicht mehr vorkommt? Angenommen, das zweite seiner Argumente sei gültig und die Konklusion sei wahr. Dann kann er, auch wenn die zweite Prämisse wahr ist, nicht auf die Wahrheit der ersten Prämisse schließen, da sich in einem deduktiven Argument die Wahrheit der Konklusion nicht auf die Prämissen überträgt. Angenommen, im zweiten Argument sei die Konklusion falsch. Dann ist entweder die erste Prämisse falsch oder die zweite Prämisse falsch oder beide sind falsch. Da aber in beiden Prämissen der Ausdruck „wertvoller" vorkommt und die Variable „Wert" nach *Homans'* Voraussetzung (und der seiner Kritiker) lediglich über die Variable „Wahrscheinlichkeit (sprich: 'relative Häufigkeit'), mit der eine bestimmte Handlung ausgeführt wird", gemessen werden kann, ist seine Verteidigung der Wert-Hypothese durch die beiden Argumente völlig wertlos.

Der 'Tautologie-Vorwurf', der seinen Namen völlig zu Unrecht trägt (besser wäre wohl „Zirkularitäts-Vorwurf"), ist von ihm also keineswegs widerlegt worden.

Darüberhinaus gibt *Homans* zu, vielleicht ohne es zu wollen, daß der Vorwurf, seine Wert-Hypothese sei analytisch, zutrifft. Er sagt nämlich:

„Warum sollten wir nicht, um eine intellektuell organisierte Wissenschaft zu formulieren und vor allem um eine solche Wissenschaft den Studenten zu lehren, eine einzelne Proposition aufstellen, in der *Wert* für all diejenigen Umstände steht, *abgesehen von* bloßem Erfolg, wie in der Stimulus-Proposition, und begleitenden Umständen (Stimuli), wie in der Erfolgs-Proposition, steht, die die Wahrscheinlichkeit, daß eine Person eine Handlung ausführt, beeinflussen? Tatsächlich ist dies die Definition des Wortes *Wert*. Diese allgemeine Proposition kann dann auf gegebene Bedingungen wie auf die Propositionen (2a) und (2b) in den obigen Beispielen angewandt werden, um zu empirischen Konklusionen zu gelangen. Wir rechtfertigen Ausdrücke wie *Wert* und die Propositionen, in denen solche Ausdrücke vorkommen, allein durch ihre Nützlichkeit für die Lehre" (*Homans* 1974, S. 36; Hervorhebungen im Original).

Hier bekennt *Homans* mehr als deutlich, daß die Wert-Hypothese in theoretischer Hinsicht für ihn nichts als eine Definition ist, und — damit zusammenhängend — in didaktischer Hinsicht eine Übersetzungsregel darstellt.

Wenn jedoch die Wert-Hypothese eine Definition ist, dann ist sie analytisch (da Definitionen durch Selbstanwendung in logische Wahrheiten überführt werden können). Und wenn sie analytisch ist, was *Homans* selbst zugesteht, dann ist allerdings sein Versuch, sie als indirekt überprüfbar auszuzeichnen, sie also gegenüber dem Zirkularitätsvorwurf (den er selbst „Tautologie-Vorwurf" nennt) zu verteidigen, unverständlich. Denn für einen analytischen Satz stellt sich dieses Problem überhaupt nicht.

Möglicherweise ist die Bezeichnung „unverständlich" etwas übereilt. *Homans* konfundiert nämlich, zumindest an *einer* anderen Stelle, „Messung" und „Definition", nachdem er sein Milch- und Tee-Beispiel gebracht hat:

„Nun taucht die Frage auf, wie die relativen Werte von Tee und Milch gemessen werden sollen, d. h. wie *Wert* in dieser Situation definiert werden soll. (. . .) Unsere einzige Möglichkeit, den relativen Wert von Milch und Tee für einen Chinesen zu messen, besteht darin, zu beobachten, ob er mehr arbeiten (oder mehr Geld bezahlen) wird, um eher das eine als das andere zu bekommen" (*Homans* 1964 a, S. 954; Hervorhebung im Original).

Homans vertritt, jedenfalls hier, einen operationalistischen Standpunkt, gemäß dem Messung und Definition identisch sind, respektive „Messung" und „Definition" denselben Sinn und dieselbe Bedeutung haben.

Daß diese Auffassung unhaltbar ist, kann man sich allein durch die schlichte Überlegung klarmachen, daß die definitorische Einführung eines deskriptiven Ausdrucks wie „die durchschnittliche Arbeitslosenquote in der Gesellschaft *g* im Zeitintervall [*t*, *t'*]" durch „Quotient aus der durchschnittlichen Zahl der (registrierten) Arbeitslosen in der Gesellschaft *g* im Zeitintervall [*t*, *t'*] und der durchschnittlichen Zahl der abhängigen Erwerbspersonen in der Gesellschaft *g* im Zeitintervall [*t*, *t'*], multipliziert mit der Zahl 100" eine Messung der durchschnittlichen Arbeitslosenquote etwa in der Bundesrepublik Deutschland im Jahre 1983 nicht ersetzen kann. Sie könnte sie aber ersetzen, wenn Definition und Messung identisch wären. Die genannte Definition leistet etwas anderes: Sie gestattet als „repräsentierende Relation“ die „abgeleitete Messung“ der Variablen „Arbeitslosenquote“, indem sie uns erlaubt, von zwei unabhängig voneinander gewonnenen numerischen Werten und einer Konstanten zu einer rationalen Zahl überzugehen, sie gestattet — wie gesagt — die abgeleitete Messung der Variablen „Arbeitslosenquote“ (vgl. hierzu *Suppes & Zinnes* 1963, S. 18).

Verständlich, zumindest aber nicht völlig unverständlich, ist *Homans*' eigene Beurteilung der Wert-Hypothese dann, wenn man *diese* seine merkwürdige methodologische Auffassung berücksichtigt.

Nun werde ich die vierte Hypothese, die „Deprivations-Sättigungs-Hypothese“, untersuchen. Sie lautet:

(HIV) Je häufiger eine Person in der jüngsten Vergangenheit eine bestimmte Belohnung erhalten hat, desto weniger wertvoll wird für sie jede weitere Einheit dieser Belohnung.

Diese Hypothese hat — jedenfalls dem Augenschein nach — eine große Ähnlichkeit mit dem „Gesetz des abnehmenden Grenznutzens“, das man ungefähr so wiedergeben kann (frei nach *Lipsey* 1975, S. 162):

> Je mehr Einheiten eines Gutes eine Person konsumiert hat, desto geringer ist für sie der Nutzenzuwachs aus einer Erhöhung des Konsums dieses Gutes um eine weitere Einheit.

Auf diese Ähnlichkeit weist *Homans* auch ausdrücklich hin (vgl. *Homans* 1961, S. 41). Ob diese Ähnlichkeit mehr als nur oberflächlich ist, kann nur durch eine sorgfältige Analyse von (HIV) entschieden werden.

Bei der Rekonstruktion und Analyse von (HIV) beginne ich am Schluß. (HIV) endet mit den Worten „. . . jede weitere Einheit dieser Belohnung“.

Diese Phrase zwingt uns zu einer Erweiterung unseres Vokabulars. Zwar wurden in den Rekonstruktionen der ersten drei Hypothesen der Austauschtheorie (wie schon zuvor in der Analyse des *Skinnerschen* Verstärkerbegriffs) zwischen „Vorkommnissen aus Handlungsklassen“ und „Handlungsklassen“ unterschieden (um *Skinners* Unterscheidung zwischen „responses“ und „operants“ gerecht zu werden), aber die analoge Unterscheidung zwischen „Vorkommnissen aus Stimulusklassen“ und „Stimulusklassen“ wurde nicht getroffen. Streng genommen ist diese Unterlassung eine logische Schlamperei, doch kann sie einigermaßen dadurch gerechtfertigt werden, daß die Unterscheidung einen erheblichen höheren Aufwand bedeutet hätte, ohne daß die Analyse-Erträge (im Hinblick auf die Analytizitätsfrage) gestiegen wären.

Hier jedoch müssen wir zwischen „Belohnung" und „Einheit dieser Belohnung" unterscheiden. Wenn man sich vergegenwärtigt, daß „eine Person erhält eine Belohnung" durch „eine Handlung einer Person wird belohnt" paraphrasiert werden kann, die letztere Phrase grob durch „ein Stimulus *s* folgt auf ein Vorkommnis aus einer Handlungsklasse einer Person und dieser Stimulus ist ein positiver Verstärker für diese Person", dann wird klar, daß wir mit dem bisherigen Vokabular, das nur „Stimulus" enthielt, nicht mehr auskommen. Wir könnten ja zwischen — wie *Homans* sich ausdrückt — „Belohnungen" und „Einheiten dieser Belohnung" nicht differenzieren.

In (HIV) ist ausdrücklich von der „jüngsten Vergangenheit" die Rede (in der Je-Komponente). Dies legt nahe, daß sich das, was durch die Desto-Komponente behauptet wird, im Anschluß daran, d. h. in der dazu relativen Gegenwart abspielt. In dieser Gegenwart möge der Fall sein, daß „Einheiten einer bestimmten Belohnung" sukzessive und (streng) monoton „an Wert verlieren". In unserer behavioristischen Standardterminologie können wir dies in erster Annäherung folgendermaßen beschreiben, wobei wir die Unterscheidung zwischen „Vorkommnissen aus Stimulusklassen" und „Stimulusklassen" schon berücksichtigen wollen:

> Das Vorkommnis *s* aus der Stimulusklasse *S* tritt zum Zeitpunkt *t* auf, das Vorkommnis *s*' aus der Stimulusklasse *S*' tritt zum Zeitpunkt *t*"' auf (wobei *t*"' später ist als *t*'); *s* ist ein schwächerer positiver Verstärker für . . . im Zeitintervall [*t*, *t*'] als *s*' für . . . im Zeitintervall [*t*" ', *t*""].

Diese Formulierung ist unvollständig, aber dies ist nicht ihr Hauptfehler. Dieser besteht darin, daß hier explizit Vorkommnissen aus Stimulusklassen Verstärkereigenschaften zugesprochen werden. Da wir aber — wie schon betont — jetzt gehalten sind, zwischen „Stimulusklassen" und „Vorkommnissen aus Stimulusklassen" zu unterscheiden, und wir auf jeden Fall zu einem späteren Zeitpunkt die Phrase „die Stimulusklasse *S* ist ein positiver Verstärker für die Handlungsklasse *H*. . ." verwenden müssen, und damit eine höchst unangenehme Inkonsistenz aufträte, empfiehlt es sich, schon an dieser Stelle die Verstärkerdefinition ins Spiel zu bringen. Wir können dann — provisorisch — sagen:

> Das Vorkommnis *s* aus der Stimulusklasse *S* tritt zum Zeitpunkt *t* auf, das Vorkommnis *s*' aus der Stimulusklasse *S*' tritt zum Zeitpunkt *t*"' auf; im Zeitintervall [*t*, *t*'] ist die relative Häufigkeit von . . . geringer als im Zeitintervall [*t*"', *t*" "].

Richten wir nun unsere Aufmerksamkeit auf die Je-Komponente. Sie lautet ähnlich wie die von (HI), wo es heißt: „Je häufiger eine bestimmte Handlung einer Person belohnt wird . . .". Dies hatten wir 'übersetzt' in:

> Wenn ein Stimulus *s* für die Handlungsklasse *H* einer Person *p* im Zeitintervall [*t, t'*] häufiger ein positiver (respektive negativer) Verstärker ist als für die Handlungsklasse *H'* der Person *p* im Zeitintervall [*t, t'*], ...

Wenn wir uns hieran orientieren und unser erweitertes Vokabular verwenden, dann können wir die Je-Komponente von (HIV) etwa so paraphrasieren:

> Wenn die Stimulusklasse *S* für die Handlungsklasse *H* einer Person *p* im Zeitintervall [*t, t'*] häufiger ein positiver Verstärker ist als für die Handlungsklasse *H'* der Person *p* im Zeitintervall [*t, t'*] ...

An dieser Paraphrase, die durch Analogie gewonnen wurde, stört zunächst (da unsere 'type-token-Sensibilität' zugenommen hat), daß eine Stimulusklasse für ... häufiger ein positiver Verstärker sein soll als für — —. Doch lassen wir uns von dieser erhöhten Sensibilität *jetzt* nicht beeinflussen. Fragen wir statt dessen, welche Konsequenzen diese Paraphrase hat. In der rekonstruierten Desto-Komponente müssen wir verschiedene Stimulusvorkommnisse *s* und *s'* auseinanderhalten. Ihnen folgen unterschiedliche relative Häufigkeiten entweder aus ein und derselben Handlungsklasse *H* oder aus verschiedenen Handlungsklassen *H* und *H'*. Da in der obigen Paraphrase zwischen zwei Handlungsklassen *H* und *H'* unterschieden wird, hat es den Anschein, daß die Paraphrase einigermaßen brauchbar ist, wenn man die zweite Alternative ins Auge faßt.

Eine Paraphrasierung von (HIV) könnte, mit einigen zusätzlichen Verbesserungen, so aussehen:

(HIV, 1) Wenn die Stimulusklasse *S* für die Handlungsklasse *H* einer Person *p* im Zeitintervall [*t, t'*] häufiger ein positiver Verstärker ist als für die Handlungsklasse *H'* der Person *p* im Zeitintervall [*t, t'*], dann gilt: Wenn das Vorkommnis *s* aus der Stimulusklasse *S* auf das Vorkommnis *h* aus der Handlungsklasse *H* der Person *p* zum Zeitpunkt *t"* folgt und wenn das Vorkommnis *s'* aus der Stimulusklasse *S* auf das Vorkommnis *h'* aus der Handlungsklasse *H* zum Zeitpunkt *t" '* folgt, dann ist die relative Häufigkeit der Vorkommnisse aus der Handlungsklasse *H'* der Person *p* im Zeitintervall [*t" ", t" '"*] geringer als die relative Häufigkeit der Vorkommnisse aus der Handlungsklasse *H* der Person *p* im Zeitintervall [*t", t" '*].

Dieser Satz kann in Analogie zum Übergang von (HI, 2) zu (HI, 3) dadurch modifiziert werden, daß das Prädikat „... ist ... ein positiver Verstärker ..." zugunsten seines definitorischen Äquivalentes eliminiert wird. Somit erhalten wir:

(HIV, 2) Wenn sich die relative Häufigkeit von Vorkommnissen aus der Handlungsklasse *H* der Person *p* im Zeitintervall [*t, t'*] häufiger erhöht als die relative Häufigkeit von Vorkommnissen aus der

> Handlungsklasse *H*‘ der Person *p* im Zeitintervall [*t*, *t*‘], dann gilt: Wenn das Vorkommnis *s* aus der Stimulusklasse *S* auf das Vorkommnis *h* aus der Handlungsklasse *H* der Person zum Zeitpunkt *t*“ folgt und wenn das Vorkommnis *s*‘ aus der Stimulusklasse *S* auf das Vorkommnis *h*‘ aus der Handlungsklasse *H* der Person *p* zum Zeitpunkt *t*“ “ folgt, dann ist die relative Häufigkeit der Vorkommnisse aus der Handlungsklasse *H*‘ der Person *p* im Zeitintervall [*t*“ “, *t*“ “‘] geringer als die relative Häufigkeit der Vorkommnisse aus der Handlungsklasse *H* der Person *p* im Zeitintervall [*t*“, *t*“‘].

Ob die „Deprivations-Sättigungs-Hypothese“ analytisch ist, kann nun schnell entschieden werden. Wenn sie analytisch ist und wenn meine Interpretationen und Rekonstruktionen adäquat sind, dann muß (HIV, 2) eine logische Wahrheit sein. Um leichter zu sehen, ob hier eine logische Wahrheit vorliegt, gebe ich das Schema an, das die logische Form von (HIV, 2) indiziert:

> Wenn *P* und *P*‘, dann gilt: Wenn *Q* und *Q*‘, dann *R* und *R*‘.

oder noch einfacher:

> Wenn *P*, dann gilt: Wenn *Q*, dann *R*.

Dieses Schema ist, wie man sofort erkennt, nicht logisch gültig. Da ich annehme, daß meine Interpretationen und Rekonstruktionen angemessen sind, bin ich gezwungen, die „Deprivations-Sättigungs-Hypothese“ für synthetisch zu halten. In diesem Sinne ist sie also gehaltvoll. Da ihre deskriptiven Ausdrücke sich nur auf solche Variablen beziehen, die empirisch recht unproblematisch festgehalten oder gemessen werden können, ist sie gehaltvoll auch unter diesem Aspekt der Prüfbarkeit.

An dieser Stelle bietet sich ein kleiner Exkurs an. *Homans* (1961, S. 55) spricht von der „Maskierung von Wahrheiten durch andere Wahrheiten“. Er hat dabei die Hypothesen im Sinn, die er später „Erfolgs-Proposition“ und „Deprivations-Sättigungs-Proposition“ nennt. Diese beiden Hypothesen lauten, um es noch einmal zu wiederholen, so:

Erfolgs-Hypothese:

> Je häufiger eine bestimmte Handlung einer Person belohnt wird, desto wahrscheinlicher wird die Person diese Handlung ausführen.

Deprivations-Sättigungs-Hypothese:

> Je häufiger eine Person in der jüngsten Vergangenheit eine bestimmte Belohnung erhalten hat, desto weniger wertvoll wird für sie jede weitere Einheit dieser Belohnung.

Mit „Maskierung“ scheint *Homans* zu meinen, daß die beiden Hypothesen nicht miteinander verträglich sind. Sätze können nun auf verschiedene Weise miteinander unverträglich sein. Betrachten wir hierzu zwei Satzpaare. Einerseits:

(i) Jede Interaktion zwischen Personen ist ein Austausch von Gütern (frei nach *Homans* 1958, S. 597).

(ii) Nicht jede Interaktion zwischen Person ist ein Austausch von Gütern.

Andererseits:

(iii) Jede Interaktion zwischen Personen ist ein Austausch von Gütern.

(iv) Keine Interaktion zwischen Personen ist ein Austausch von Gütern.

Das Satzpaar ((i), (ii)) ist unverträglich in dem Sinne, daß es eine logische Falschheit darstellt, eine Kontradiktion. ((i), (ii)) ist falsch und bleibt falsch bei jeder Reinterpretation. Anders verhält es sich bei dem Paar ((iii), (iv)). Den Unterschied zum ersten Satzpaar erkennt man schnell, wenn man sich klarmacht, daß logisch äquivalent mit (iv) der Satz ist:

(iv‘) Jede Interaktion zwischen Personen ist kein Austausch von Gütern.

Durch eine Reinterpretation können wir aus (iii) und (iv‘) das folgende Satzpaar gewinnen:

(iii‘) Jedes unmögliche Ereignis beeindruckt die Menschen.

(iv“) Jedes unmögliche Ereignis beeindruckt die Menschen nicht.

(iii‘) und (iv“) sind logisch verträglich miteinander. Zu einer Unverträglichkeit zwischen ihnen kommt es erst dann, wenn es unmögliche Ereignisse tatsächlich gibt. Diese aber gibt es — nach Voraussetzung — nicht. Interaktionen zwischen Personen jedoch gibt es. Wenn es sie nicht gäbe, wären die Sätze (i) bis (iv‘) nicht anwendbar. Sie sollen aber anwendbar sein. Also besteht zwischen (iii) und (iv) eine Unverträglichkeit.

Kommen wir nach diesem kleinen Exkurs zurück auf die beiden Hypothesen. Um sie anhand der unrekonstruierten Fassungen vergleichen zu können, scheint es sinnvoll zu sein, zunächst die beiden Je-Komponenten einander sprachlich anzupassen, etwa derart, daß stets die Formulierung der Deprivations-Sättigungs-Hypothese gewählt wird. Schwierigkeiten bereiten die Desto-Komponenten. Einmal heißt es: „desto wahrscheinlicher wird die Person diese Handlung ausführen“, und das andere Mal finden wir: „desto weniger wertvoll wird für sie jede weitere Einheit dieser Belohnung“. Diese Formulierungen sind nicht vergleichbar miteinander.

Jedoch können wir sie schrittweise vergleichbar machen. Ich ersetze zuerst „wahrscheinlicher“ durch „(relativ) häufiger“. Dann berücksichtige ich, daß die Phrase „. . . weniger wertvoll . . .“ durch eine Phrase „. . . weniger häufig . . .“ kontextuell ersetzt werden kann. Beide Hypothesen könnten dann so reformuliert werden:

> Je häufiger eine Person in der jüngsten Vergangenheit eine bestimmte Belohnung erhalten hat, desto häufiger wird die Person diese Handlung ausführen.
>
> Je häufiger eine Person in der jüngsten Vergangenheit eine bestimmte Belohnung erhalten hat, desto weniger häufig wird sie diese Handlung ausführen.

Angesichts dieser Reformulierungen (besonders der der Deprivations-Sättigungs-Hypothese) kommen wir nicht umhin, sie für miteinander unverträglich zu halten. Und man muß sich fragen, warum beide zusammen in einer Theorie vorkommen, in der angenommen wird, daß es Unterschiede in der „Belohnungshäufigkeit . . .“ gibt.

Dieser Unverträglichkeitseindruck ist meines Erachtens vorwiegend das Resultat einer (vielleicht) einleuchtenden, aber in Wirklichkeit oberflächlichen und inadäquaten Reformulierung. Auch glaube ich nicht, daß mit den Mitteln des hier verwendeten Vokabulars eine wesentlich angemessenere Reformulierung möglich ist.

Die Frage, ob die beiden Hypothesen — unter bestimmten Existenzannahmen — miteinander verträglich sind, ist möglicherweise nur dadurch entscheidbar, daß man auf die rekonstruierten Fassungen (HI, 3) und (HIV, 2) zurückgreift.

(HI, 3) lautet ja:

> Wenn sich die relative Häufigkeit von Vorkommnissen aus der Handlungsklasse *H* der Person *p* im Zeitintervall [*t*, *t*‘] häufiger erhöht als die relative Häufigkeit von Vorkommnissen aus der Handlungsklasse *H*‘ der Person *p* im Zeitintervall [*t*, *t*‘], dann ist die relative Häufigkeit von Vorkommnissen aus der Handlungsklasse *H* der Person *p* im Zeitintervall [*t*“, *t*“ ‘] höher als die relative Häufigkeit von Vorkommnissen aus der Handlungsklasse *H*‘ der Person *p* im Zeitintervall [*t*“, *t*“‘].

Eine Vergleichbarkeit von (HI, 3) und (HIV, 2) besteht, wie man sofort erkennt, jedenfalls darin, daß das Antecedens von (HI, 3) identisch ist mit dem von (HIV, 2). Um die beiden Consequentien vergleichbar zu machen, ist es auf jeden Fall notwendig, das Consequens von (HI, 3) gemäß einer anderen Rekonstruktionsvariante zu formulieren. Im Consequens von (HI, 3) werden die relativen Häufigkeiten von Vorkommnissen aus zwei verschiedenen Handlungsklassen einer Person in einem Zeitintervall miteinander verglichen. Um das Consequens von (HI, 3) dem Consequens des Consequens von (HIV, 2) anzupassen, müßte es lauten:

> . . . dann ist die relative Häufigkeit der Vorkommnisse aus der Handlungsklasse *H*‘ der Person *p* im Zeitintervall [*t*““, *t*““ ‘] höher als die relative Häufigkeit der Vorkommnisse aus der Handlungsklasse *H* der Person *p* im Zeitintervall [*t*“, *t*“‘].

Das Consequens von (HI, 3) scheint bei dieser Rekonstruktion sehr zugespitzt formuliert zu sein. Hier werden ja die relativen Häufigkeiten von zwei verschiedenen Handlungsklassen nicht nur in verschiedenen Zeitintervallen miteinander verglichen, sondern es wird darüberhinaus behauptet, die relative Häufigkeit der Vorkommnisse aus der einen Handlungsklasse in einem späteren Zeitintervall sei höher als die der Vorkommnisse aus der anderen in einem früheren Zeitintervall. Dies ist, so glaube ich, nicht die „Standardinterpretation" der Erfolgshypothese. Allerdings kann man diese Interpretation auch nicht als unzulässig betrachten.

Bei dieser speziellen Interpretation der Erfolgshypothese sind tatsächlich das Consequens dieser Hypothese und das Consequens des Consequens von (HIV, 2) vergleichbar und, bei der üblichen Deutung der Relationen „größer als" und „kleiner als", unverträglich.

Damit ist aber noch nicht entschieden über die Unverträglichkeit der Hypothesen. Denn (HIV, 2) ist von anderer logischer Struktur als (HI, 3), weshalb ich stets von „Consequens des Consequens" von (HIV, 2) gesprochen habe: Das Consequens von (HIV, 2) besteht aus einem Konditionalsatz, das von (HI, 3) nicht. Das Antecedens dieses Konditionalsatzes, das für (HIV, 2) unabdingbar ist, da es zu einer adäquaten Paraphrasierung von „jede weitere Einheit" beiträgt, lautet ja:

> Wenn das Vorkommnis *s* aus der Stimulusklasse *S* auf das Vorkommnis *h* aus der Handlungsklasse *H* der Person *p* zum Zeitpunkt *t''* folgt und wenn das Vorkommnis *s'* aus der Stimulusklasse *S* auf das Vorkommnis *h'* aus der Handlungsklasse *H'* der Person *p* zum Zeitpunkt *t''''* folgt . . .

Diesen Teilsatz müßten wir an entsprechender Stelle in (HI,3) einfügen, um die beiden rekonstruierten Hypothesen miteinander vergleichen zu können. Eine derartige Einfügung stimmt wiederum mit der 'Standardinterpretation' der Erfolgshypothese nicht überein, schon allein deshalb, weil sie eine durchaus vermeidbare Komplizierung darstellt, aber man wird sie wiederum nicht ganz ausschließen wollen. Bei dieser extremen Interpretation der Erfolgshypothese besteht dann allerdings zwischen ihr und der Deprivations-Sättigungs-Hypothese die Relation der Unverträglichkeit. Intuitiv erkennen wir dies, wenn wir die heterodox rekonstruierte Erfolgshypothese rückübersetzen. Sie lautet dann:

> Je häufiger eine Person in der jüngsten Vergangenheit eine bestimmte Belohnung erhalten hat, desto wertvoller wird für sie jede weitere Einheit dieser Belohnung.

Aber wie gesagt: Unverträglich sind die beiden Hypothesen nur bei einer sehr extremen Interpretation der Erfolgshypothese. Insofern ist die Konjunktion der beiden Hypothesen konsistent, da es zumindest eine Interpretation gibt, bei der beide wahr sind.

Kommen wir zum letzten Teil dieses Paragraphen, indem wir uns der Aggressions-Billigungs-Hypothese zuwenden. Sie besteht aus zwei Teilen, von denen nur der erste einen Namen trägt, nämlich „Frustrations-Aggressions-Hypothese". Die gesamte Hypothese lautet:

(HVa) Wenn die Handlung einer Person nicht die Belohnung erhält, die sie erwartet hat, oder wenn sie eine Bestrafung erhält, die sie nicht erwartet hat, dann wird sie verärgert sein; sie wird mit höherer Wahrscheinlichkeit aggressives Verhalten ausführen und die Ergebnisse solchen Verhaltens werden wertvoller für sie.

(HVb) Wenn die Handlung einer Person die Belohnung erhält, die sie erwartet hat, insbesondere eine größere Belohnung, als sie erwartet hat, oder wenn sie nicht die erwartete Bestrafung erhalten hat, wird sie erfreut sein; sie wird mit höherer Wahrscheinlichkeit billigendes Verhalten ausführen und die Ergebnisse solchen Verhaltens werden wertvoller für sie.

Bei der Analyse und Rekonstruktion von (HV) werde ich mich auf den ersten Teil beschränken und im Anschluß daran einige Bemerkungen zum zweiten Teil machen. (HVa) können wir in einem ersten Schritt durch Umformung der beiden Relativsätze „die sie erwartet hat" und „die sie nicht erwartet hat" und durch Deutung von „;" als „und" überführen in:

(HVa, 1) Wenn eine Person eine Belohnung erwartet und wenn sie die Belohnung nicht erhält oder wenn sie eine Bestrafung nicht erwartet und wenn sie diese Bestrafung erhält, dann wird sie verärgert sein und sie wird mit höherer Wahrscheinlichkeit aggressives Verhalten ausführen und die Ergebnisse solchen Verhaltens werden wertvoller für sie.

Diese Hypothese gibt dem Interpreten wesentlich mehr Rätsel auf als die anderen Hypothesen, sie stellt ihn vor weit größere Schwierigkeiten als die vorhergehenden. Dies liegt einerseits an der relativen Komplexität dieser Hypothese (abzulesen schon allein an ihrer Länge) und andererseits — und vor allem! — daran, daß hier Ausdrücke verwendet werden wie „erwarten", „verärgert sein", „aggressives Verhalten" und „Bestrafung", die in den ersten vier Hypothesen noch nicht vorkommen und von denen einige gegenüber einer behavioristischen Interpretation verhältnismäßig resistent sein könnten.

Einen dieser 'Fremdkörper', nämlich „erwarten", möchte ich vorläufig unangetastet lassen, ich möchte ihn einstweilen keiner Interpretation unterziehen. Statt dessen möchte ich versuchen, (HVa, 1) zunächst so weit zu analysieren und zu rekonstruieren, wie es mit dem bereits verfügbaren (oder leicht verfügbar zu machenden) Instrumentarium möglich ist.

Wie bei der Analyse von (HI), (HII) und (HIII) und anders als bei der von (HIV) sehe ich von der Unterscheidung zwischen Stimulusklassen und Vorkommnissen aus diesen ab, weil bei der Untersuchung und Rekonstruktion von (HVa) respektive (HVa, 1) eine solche Unterscheidung keine wesentlichen Erkenntniserträge zu zeitigen scheint, wohl aber den Aufwand erheblich erhöhen würde.

Betrachten wir die erste Disjunktionskomponente des Antecedens von (HVa, 1):

> Wenn eine Person eine Belohnung erwartet und wenn sie diese Belohnung nicht erhält . . .

Da in *Skinnerscher* Perspektive eine Belohnung entweder ein positiv verstärkender Stimulus ist, der auf ein Vorkommnis aus einer Handlungsklasse folgt, oder ein negativ verstärkender Stimulus ist, der nach einem Vorkommnis aus einer Handlungsklasse entfernt wird, und ich hier der Einfachheit halber nur die Variante der positiven Verstärkung berücksichtigen will, können wir den ersten Teil dieses Satzes paraphrasieren durch:

> Wenn eine Person p einen Stimulus s zum Zeitpunkt t erwartet und der Stimulus s für die Handlungsklasse H der Person p ein positiver Verstärker im Zeitintervall $[t, t']$ ist . . .

Der zweite Teil bereitet nun keine Schwierigkeiten:

> . . . wenn s zum Zeitpunkt t nicht auftritt.

Diese Paraphrasen sind noch etwas unsauber, da streng genommen auch von „einem Vorkommnis h . . . “ die Rede sein müßte, auf das der Stimulus s folgen kann. Diese Unsauberkeit werde ich an späterer Stelle stillschweigend beseitigen.

Die zweite Disjunktionskomponente des Antecedens von (HVa, 1) ist unangenehmer, da hier von „Bestrafung“ gesprochen wird. Was soll darunter genau verstanden werden?

Homans (1974, S. 25) bemerkt hierzu: „Die Resultate der Handlungen einer Person, die positive Werte für sie haben, nennen wir Belohnungen; die Resultate, die negative haben, Bestrafungen“. Offensichtlich meint er damit, daß die Stimuli, die auf Vorkommnisse einer Handlungsklasse folgen und die für diese Handlungsklasse *positiv verstärkend* sind, von ihm „Belohnungen“ genannt werden, und daß diejenigen Stimuli, die auf Vorkommnisse einer Handlungsklasse folgen und die für diese Handlungsklasse *nicht positiv verstärkend* sind, von ihm „Bestrafungen“ geheißen werden. Entscheidend ist bei dieser Deutung natürlich, was unter „nicht positiv verstärkend“ verstanden werden soll. Klarheit hierüber können wir — wie so oft — gewinnen, wenn wir uns direkt an *Skinner* wenden.

Nach *Skinner* (1953, S. 73, S. 185) ist unter „Bestrafung" entweder „*die Präsentation* eines *negativen* Verstärkers oder die *Entfernung* eines *positiven*" zu verstehen (Hervorhebungen im Original). Dabei glaubt *Skinner*, „Bestrafung", anders als „(positive oder negative) Verstärkung", definitorisch einführen zu müssen (oder zu können), ohne auf Effekte Bezug zu nehmen (vgl. *Skinner* 1953, S. 185).

Wenn wir diese Charakterisierung des Ausdrucks „Bestrafung" und die beiden Definitionen (9a) und (9b) aus § 7 zugrundelegen, können wir wohl die folgende Definition gewinnen:

> *Definition:* Der Stimulus *s* ist für die Handlungsklasse *H* der Person *p* im Zeitintervall [*t*", *t*"'] bestrafend genau dann, wenn entweder der Stimulus *s* für die Handlungsklasse *H* der Person *p* im Zeitintervall [*t*, *t*'] ein positiver Verstärker ist und der Stimulus *s* nach einem Vorkommnis *h* aus der Handlungsklasse *H* der Person *p* zum Zeitpunkt *t*" entfernt wird oder wenn der Stimulus *s* für die Handlungsklasse *H* der Person *p* im Zeitintervall [*t*, *t*'] ein negativer Verstärker ist und der Stimulus *s* einem Vorkommnis *h* aus der Handlungsklasse *H* der Person *p* zum Zeitpunkt *t*" folgt.

Bei dieser Rekonstruktion der 'Bestrafungsdefinition' bin ich von der Überlegung ausgegangen, daß ein Stimulus *s* in einem bestimmten Zeitintervall [*t*, *t*'] ein (positiver oder negativer) Verstärker ist, daß zu einem Zeitpunkt *t*", der auf *t*' folgt, der Stimulus entfernt wird oder auftaucht und daß in einem Zeitintervall [*t*", *t*"'], das auf [*t*, *t*'] folgt, der Stimulus ein bestrafender Stimulus ist. Unsinnig wäre es meines Erachtens, wenn wir sagten, der Stimulus *s* sei bestrafend ... in [*t*, *t*'] genau dann, wenn *s* ... für ... in [*t*, *t*'] ein positiver Verstärker ist und *s* ... zu *t* entfernt wird ..., weil dies ja hieße, daß der Stimulus in ein und demselben Zeitintervall zugleich ein positiver Verstärker *und* ein bestrafender Stimulus ist.

Für meinen Definitionsvorschlag spricht auch die folgende Überlegung: Aus der Definition folgt z.B., daß ein Stimulus *s* in einem Zeitintervall [*t*", *t*"'] genau dann *nicht* „bestrafend für ..." genannt wird, wenn *s* entweder zum Zeitpunkt *t*" nicht entfernt wird oder wenn er *kein* positiver Verstärker für ... im Zeitintervall [*t*, *t*'] ist (oder beides). (Für den Fall des negativen Verstärkers gilt das analoge).

Kommen wir wieder auf die zweite Disjunktionskomponente zurück:

> ... wenn sie eine Bestrafung nicht erwartet und wenn sie diese Bestrafung erhält ...

Diese Phrase können wir ohne Schwierigkeiten umändern, da mit „Bestrafungen" ja „bestrafende Stimuli" gemeint sind:

> ... wenn sie einen bestrafenden Stimulus nicht erwartet und wenn dieser Stimulus auftritt ...

Wieder aus Gründen der Vereinfachung will ich nur *eine* Variante eines bestrafenden Stimulus berücksichtigen, nämlich die des positiven Verstärkers, der entzogen wird. Damit könnten wir die obige Phrase verwandeln in:

> . . . wenn die Person *p* nicht erwartet, daß der Stimulus *s* nach einem Vorkommnis *h* aus der Handlungsklasse *H* der Person *p* zum Zeitpunkt *t*" entfernt wird und daß der Stimulus *s* für Handlungsklasse *H* der Person *p* im Zeitintervall [*t, t*'] ein positiver Verstärker ist, und wenn der Stimulus *s* nach einem Vorkommnis *h* aus der Handlungsklasse *H* der Person *p* zum Zeitpunkt *t*" entfernt wird.

Diese Paraphrasierung aber ist inadäquat, ja sogar unsinnig. Überlegen wir uns etwa, wie wir den Satz „Axel erwartet nicht, daß das Analgetikum *a* seine Kopfschmerzen lindert" paraphrasieren könnten. Die Paraphrase „Axel erwartet nicht, daß *a* ein Analgetikum ist und daß *a* seine Kopfschmerzen lindert" ist deshalb nicht angemessen, weil sich Axels 'Nicht-Erwartung' nur auf die potentielle Wirkung von *a* richtet, nicht aber darauf, daß *a* ein Analgetikum ist. Daß *a* ein Analgetikum ist, setzt er bei seiner 'Nicht-Erwartung' bereits als gegeben voraus. Die angemessene (jedenfalls angemessenere) Paraphrase wäre wohl: „*a* ist ein Analgetikum und Axel erwartet nicht, daß *a* seine Kopfschmerzen lindert". Durch diese Überlegung können wir die obigen Paraphrasierung verbessern zu:

> . . . wenn der Stimulus *s* für die Handlungsklasse *H* der Person *p* im Zeitintervall [*t, t*'] ein positiver Verstärker ist und wenn die Person *p* vor dem Zeitpunkt *t*" nicht erwartet, daß der Stimulus *s* nach einem Vorkommnis *h* aus der Handlungsklasse *H* der Person *p* zum Zeitpunkt *t*" entfernt wird, und wenn der Stimulus *s* nach dem Vorkommnis *h* aus der Handlungsklasse *H* der Person *p* zum Zeitpunkt *t*" entfernt wird.

Das gesamte Antecedus von (HVa, 1) lautet nun (mit den angekündigten stillschweigenden Verbesserungen):

> Wenn eine Person *p* erwartet, daß der Stimulus *s* nach einem Vorkommnis *h* aus der Handlungsklasse *H* der Person *p* zum Zeitpunkt *t*" auftritt, und der Stimulus *s* für die Handlungsklasse *H* der Person *p* im Zeitintervall [*t, t*'] ein positiver Verstärker ist und der Stimulus *s* zum Zeitpunkt *t*" auf ein Vorkommnis *h* aus der Handlungklasse *H* der Person *p* nicht folgt *oder* wenn der Stimulus *s* für die Handlungsklasse *H* der Person *p* im Zeitintervall [*t, t*'] ein positiver Verstärker ist und die Person *p* nicht erwartet, daß der Stimulus *s* nach einem Vorkommnis *h* aus der Handlungsklasse *H* der Person *p* zum Zeitpunkt *t*" entfernt wird, und der Stimulus *s* nach dem Vorkommnis *h* aus der Handlungsklasse *H* der Person *p* zum Zeitpunkt *t*" entfernt wird, ...

Nach dieser mühsamen (und freilich noch unvollständigen!) Rekonstruktion des Antecedus von (HVa, 1) möchte ich mich der Rekonstruktion des

Consequens widmen. Erinnern wir uns daran, daß es lautet:

> . . . dann wird sie verärgert sein und sie wird mit höherer Wahrscheinlichkeit aggressives Verhalten ausführen und die Ergebnisse solchen Verhaltens werden wertvoller für sie.

Die problematischen Ausdrücke sind hier — wie schon gesagt — „verärgert sein“ und „aggressives Verhalten“.

Daß besonders der erste dieser Ausdrücke einer radikal-behavioristischen Interpretation Schwierigkeiten bereitet, sieht *Homans* selbst:

> „Wenn eine Person frustriert ist, ist sie geneigt, ein gewisses Ausmaß der Emotion zu spüren, die wir Ärger nennen. Ein behavioristischer Purist würde sich in seiner Version der Proposition nicht auf Ärger, sondern nur auf aggressives Verhalten beziehen; wir behalten den Ärger bei, um dem gesunden Menschenverstand keine zu große Gewalt anzutun“ *(Homans* 1974, S. 38).

Dementsprechend wird bei *Homans* auch nirgendwo ersichtlich, auf welche Weise er den genannten Ausdruck zu deuten gedenkt. Dies scheint mir angesichts dieser Sätze für die Interpretation des gesamten Consequens kein unüberwindliches Hindernis zu sein: das Hindernis kann überwunden werden, indem es umgangen wird, indem also die Phrase „(sie) wird verärgert sein“ unberücksichtigt bleibt. Sie ist, wie *Homans* sagt, lediglich ein Zugeständnis an das Denken (und Sprechen) des Alltags.

Eine gewisse Stützung dieser ‘Interpretation durch Unterschlagung‘ sehe ich in *Skinners* Behandlung des Kausalitätsproblems im allgemeinen und in der des Emotionsproblems im besonderen. Nach *Skinner* sind ja ‘intervenierende Variablen‘ entweder ‘fiktional‘ oder irrelevant (vgl. § 6): Ursache-Wirkungs-Beziehungen sind Beziehungen zwischen ‘externen‘ Größen. Konsequenterweise betrachtet *Skinner* (1953, S. 160) Emotionen als „exzellente Beispiele fiktionaler Ursachen, denen wir gemeinhin Verhalten attribuieren“. Da er jedoch der Auffassung ist, daß Emotionen keine Ursachen sind, sondern eher Wirkungen, und daß man statt von Emotionen „besser von emotionalem Verhalten“ sprechen sollte, gelangt er zu dem Ergebnis, daß wir es zu tun haben mit „zwei Ereignissen — dem emotionalen Verhalten und den Bedingungen, deren Funktion das Verhalten ist . . .“ (*Skinner* 1953, S. 167). Entsprechend kann er „Emotion“ als „einen bestimmten Zustand der Stärke oder Schwäche in einem oder mehreren Responses . . .“ definieren (*Skinner* 1953, S. 166).

Der „behavioristische Purist“ (*Homans;* siehe oben) kann also auf die Phrase „(sie) wird verärgert sein“ getrost verzichten, der Emotion des Ärgers wird im Consequens von (HVa, 1) durch die Phrase „sie wird mit höherer Wahrscheinlichkeit aggressives Verhalten ausführen“ Rechnung getragen.

Was unter „aggressivem Verhalten" verstanden werden soll, erläutert *Homans* (S. 38) mit den folgenden Worten:

> „Wenn eine Person frustriert ist, ist sie geneigt, aggressive Handlungen auszuführen. Diese sind Handlungen, die die Quelle der Frustration angreifen, abschalten, beschädigen oder bedrohen, sei es nun die tatsächliche Quelle oder die, die die Person als solche wahrnimmt. Wenn aus irgendeinem Grund die tatsächliche Quelle nicht attackiert werden kann, dann kommt zur Not fast jedes andere Objekt in Frage".

Die höchsten Ansprüche werden durch diese Erläuterung sicher nicht befriedigt. Stellen wir uns zum Beispiel vor, eine Medizinstudentin habe seit Jahren jeden Morgen von ihrem Freund ein Frühstücksei serviert bekommen. Eines morgens jedoch bleibt das Frühstücksei aus. Die Studentin ist also 'frustriert', 'verärgert'. Zwei Stunden später hackt sie im Rahmen ihrer Anatomieausbildung Fröschen den Kopf ab. Sie attackiert oder beschädigt also Objekte, die — vermutlich — nicht die Quelle ihrer Frustration sind. Darf dieses Verhalten als aggressiv bezeichnet werden? Trotz dieses skeptischen Einwandes, dem sich leicht weitere anschließen könnten, möchte ich das Problem „aggressives Verhalten" auf sich beruhen lassen. Zugunsten von *Homans* (und anderen Behavioristen) will ich annehmen, aggressives Verhalten sei eindeutig durch entsprechende Beschreibungen von anderem Verhalten abzugrenzen, der Ausdruck „aggressives Verhalten" sei eindeutig durch Definitionen, definitionsähnliche Sätze oder Paraphrasierungen, d. h. Kontextübertragungen, charakterisierbar.

Die letzte Phrase des Consequens, nämlich „die Ergebnisse solchen Verhaltens werden wertvoller für sie", kann analog zur Rekonstruktion der Wert-Hypothese behandelt werden: Die Ergebnisse (aggressiven) Verhaltens sind Stimuli, denn Stimuli folgen auf Vorkommnisse aus Handlungsklassen. Darauf können nun schrittweise Paraphrasierungen folgen:

(i) Ein Stimulus s, der auf ein Vorkommnis aus einer 'aggressiven' Handlungsklasse H_a der Person p zum Zeitpunkt t'' folgt, ist für die Handlungsklasse H_a der Person p im Zeitintervall $[t'', t''']$ ein stärkerer positiver Verstärker als im Zeitintervall $[t, t']$.

(ii) Die relative Häufigkeit von Vorkommnissen aus der Handlungsklasse H_a der Person p im Zeitintervall $[t'', t''']$ ist höher als die relative Häufigkeit der Vorkommnisse aus der Handlungsklasse H_a der Person p im Zeitintervall $[t, t']$.

Jetzt zeigt sich, daß das Consequens von (HVa, 1) noch weiter vereinfacht werden kann. Die Phrase „sie wird mit höherer Wahrscheinlichkeit aggressives Verhalten ausführen" und die Phrase „die Ergebnisse solchen Verhaltens werden wertvoller für sie" lassen sich durch einen einzigen Satz in der behavioristischen Standardterminologie wiedergeben, da „mit höherer

Wahrscheinlichkeit" und „werden wertvoller" ersetzt werden können durch „die relative Häufigkeit von . . . ist höher als . . .".

Kommen wir jetzt auf das 'Erwartungsproblem' zurück.

Homans hat der Sprache *Skinners* Schwerfälligkeit und Umstandskrämerei attestiert, „weil sie sich dagegen sträubt, Worte wie 'Absicht' zu verwenden, und sie nur durch Umschreibung ersetzen kann . . ." (*Homans* 1974, S. 11). Dennoch nimmt er die Schwerfälligkeit und Umstandskrämerei auf sich und bemüht sich, den Ausdruck „erwarten, daß . . ." durch seine Terminologie (die in *Skinners* Sprache, wie er selbst sagt, übersetzt werden kann) zu 'umschreiben':

> „Was eine Person erwartet, wird durch Proposition II definiert: Wenn eine Menge von Stimuli anwesend ist, die derjenigen ähnlich ist, bei der die Aktivität einer Person in der Vergangenheit belohnt wurde, dann erwartet die Person, daß sie nun wieder belohnt wird..." (*Homans* 1973, S. 558).

Und an anderer Stelle:

> „Was eine Person über Belohnung oder Bestrafung unter einer gegebenen Menge von Umständen (Stimuli) zu erhalten erwartet, ist das, was sie unter ähnlichen Umständen in der Vergangenheit tatsächlich erhalten hat, oder das, was andere bekommen haben, und sie dies beobachtet hat oder es ihr erzählt wurde; und keines dieser Dinge ist ein privates Ereignis, das im Kopf des Individuums eingesperrt ist. Dies ist, was wir mit dem Wort *Erwartung* meinen werden" (*Homans* 1974, S. 37; Hervorhebung im Original).

Die zweite Charakterisierung von „erwarten" respektive „Erwartung" ist nicht nur schwerfälliger und umständlicher als die erste, sondern sie lädt sich auch durch Anleihen aus einer anderen Theorie (ich denke dabei an die „Theorie der sozialen Vergleichsprozesse"; *Festinger* 1954) zusätzliche 'Umschreibungsschwierigkeiten' auf. Damit will ich keineswegs sagen, derartige Anleihen könnten für *Homans'* Theorie nachteilig sein, eher vermute ich das Gegenteil. Das Problem, um das es jedoch hier geht, ist die Frage, ob seine Theorie dadurch gewinnt, daß er eine Definition eben aus dieser Theorie, die eine Ersetzung eines 'kognitiven Ausdrucks' durch eine Reihe von 'behavioristischen Ausdrücken' gestatten soll, verbessert, indem er das Definiens durch Rückgriff auf eine kognitive Theorie 'anreichert'. Diese Frage verneine ich. Erstens verschiebt er dadurch das Problem, da er die zusätzlichen kognitiven Ausdrücke ebenfalls behavioristisch paraphrasieren muß. Zweitens, und dies wiegt schwerer, scheint es mir nicht sehr sinnvoll zu sein, zusätzliche theoretische Annahmen in die Definitionen, nicht aber in die Hypothesen der Theorie aufzunehmen.

Aus diesen beiden Gründen und auch deshalb, weil die erste Definition logisch stärker ist, ziehe ich es vor, diese erste Definition meinen weiteren Rekonstruktionsversuchen zugrundezulegen.

Dabei setze ich voraus, daß der erstgenannte Satz von *Homans* als echte, vollständige Definition beabsichtigt ist, die lediglich nachlässig formuliert wurde, daß man also aus dem Konditionalsatz durch logische Verstärkung einen Bikonditionalsatz machen darf. Und weiter setze ich voraus, daß die 'Proposition II', also die Stimulus-Hypothese, für die Definition des Ausdrucks „die Person *p* erwartet, daß . . ." nicht notwendig ist, sondern daß der Satz, den *Homans* selbst als Definiens vorschlägt, hinreicht.

Zunächst können wir den Definitionsvorschlag von *Homans* unter Beachtung dieser beiden Voraussetzungen so formulieren:

> *Definition:* Eine Person *p* erwartet, daß sie zum Zeitpunkt *t*" belohnt wird, genau dann, wenn zum Zeitpunkt *t*" eine Menge von Stimuli anwesend ist und diese Menge von Stimuli ähnlich ist der Menge von Stimuli, in deren Anwesenheit die Person *p* zum Zeitpunkt *t* belohnt wird.

Diese provisorische Definition können wir dadurch, daß wir auf das Vokabular von (HII, 1), wo außer von „verstärkenden Stimuli" auch von „diskriminativen Stimuli" gesprochen wird, und auf die vorläufige Rekonstruktion des Antecedens von (HVa, 1) zurückgreifen, verbessern zu:

(DIII a) *Definition:* Die Person *p* erwartet, daß der Stimulus *s* auf ein Vorkommnis *h*' aus der Handlungsklasse *H* der Person *p* zum Zeitpunkt *t*" folgt, genau dann, wenn kurz vor dem Zeitpunkt *t*" der diskriminative Stimulus $s^{D'}$ in Anwesenheit der Person *p* auftritt und kurz vor dem Zeitpunkt *t* der diskriminative Stimulus s^{D} auftritt und der diskriminative Stimulus $s^{D'}$ dem diskriminativen Stimulus s^{D} ähnlich ist und auf ein Vorkommnis *h* aus der Handlungsklasse *H* der Person *p* zum Zeitpunkt *t* der Stimulus *s* folgt und der Stimulus *s* ein positiver Verstärker für die Handlungsklasse *H* der Person *p* im Zeitintervall [*t*, *t*'] ist.

Zu diesem Definitionsversuch möchte ich einige Bemerkungen machen. Im Zusammenhang mit der vorläufigen Rekonstruktion des (HVa, 1)-Antecedens habe ich gesagt, daß der Satz

> . . . wenn die Person *p* nicht erwartet, daß der Stimulus *s* nach einem Vorkommnis aus der Handlungsklasse *H* der Person *p* zum Zeitpunkt *t*" entfernt wird und daß der Stimulus *s* für die Handlungsklasse *H* der Person *p* im Zeitintervall [*t*, *t*'] ein positiver Verstärker ist. . .

keine adäquate Paraphrase des Satzes

> wenn sie einen bestrafenden Stimulus nicht erwartet . . .

ist. Angemessener sei es, den Teilsatz „der Stimulus *s* (ist) für die Handlungsklasse *H*..." aus dem durch „erwartet nicht, daß" regierten Kontext herauszulösen und ihn statt dessen dem „erwartet nicht, daß" voranzustellen. Wenn ich dies in dem obigen Definitionsversuch praktiziert hätte, wäre eine unangenehme Konsequenz entstanden: Sowohl im Definiendum als auch im Definiens wäre der Teilsatz „der Stimulus (ist) für die Handlungsklasse *H*..." vorgekommen und wäre dadurch überflüssig geworden. Im Definiens jedoch ist dieser Teilsatz unabdingbar, weil in der 'Erwartungsdefinition' von *Homans* davon ausgegangen wird, daß ein Stimulus in der Vergangenheit bestimmte Effekte hatte. Durch die Verschiebung dieses Teilsatzes ins Definiens wird die Definition auch praktikabler, da dadurch das Definiendum isoliert wird und eliminierbar wird.

Im Antecedens von (HVa, 1) kommt — im zweiten Disjunktionsglied — „erwartet nicht, daß . . ." vor. Es könnte nun naheliegend erscheinen, das Definiens von „die Person *p* erwartet nicht, daß . . ." einfach dadurch zu gewinnen, daß man das Definiens der obigen Definition negiert. Dies aber wäre nicht korrekt, da auf „die Person erwartet nicht, daß . . ." eine andere Phrase folgt als auf „die Person erwartet, daß . . .", nämlich die Phrase „der Stimulus (wird) nach einem Vorkommnis *h* aus der Handlungsklasse *H* der Person *p* zum Zeitpunkt *t*" entfernt". Trotzdem ist die Definition von „erwartet nicht, daß . . ." jetzt verhältnismäßig einfach zu konstruieren.

Ich schlage die folgende Definition vor:

(DIII b) *Definition:* Die Person *p* erwartet nicht, daß der Stimulus *s* nach einem Vorkommnis *h*' aus der Handlungsklasse *H* der Person *p* zum Zeitpunkt *t*" entfernt wird, genau dann, wenn kurz vor dem Zeitpunkt *t*" der diskriminative Stimulus $s^{D'}$ in Anwesenheit der Person *p* auftritt und kurz vor dem Zeitpunkt *t* der diskriminative Stimulus s^{D} auftritt und der diskriminative Stimulus $s^{D'}$ dem diskriminativen Stimulus s^{D} ähnlich ist und auf ein Vorkommnis *h* aus der Handlungsklasse *H* der Person *p* zum Zeitpunkt *t* der Stimulus *s* folgt und der Stimulus *s* ein positiver Verstärker für die Handlungsklasse *H* der Person *p* im Zeitintervall [*t, t*'] ist.

Das Definiens in beiden Definitionen ist also identisch. Dies ist auch durchaus einleuchtend, wenn man bedenkt, auf welche Weise *Homans* „Erwartung" charakterisiert. „Erwarten, daß . . ." heißt — etwas vergröbernd, aber dennoch zutreffend — daß die Gegenwart (oder nahe Zukunft) gleich oder zumindest ähnlich der Vergangenheit ist. „Nicht erwarten, daß . . ." heißt — analog dazu — daß die Gegenwart (oder nahe Zukunft) ungleich oder zumindest unähnlich der Vergangenheit ist. Dieser Vorstellung habe ich durch die beiden Definitionen Rechnung getragen.

Wir können jetzt die ganze Hypothese (HVa, 1) paraphrasieren, indem wir Antecedens und Consequens in den rekonstruierten Gestalten miteinander verknüpfen, die Erwartungskontexte durch ihre paraphrasischen Entsprechungen ersetzen und die Vorkommnisse von „der Stimulus *s* ist ein positiver Verstärker für die Handlungsklasse *H* der Person *p* im Zeitintervall [*t*, *t*‘]“ mit ihren definitorischen Äquivalenten vertauschen. Wir erhalten dann:

(HVa, 2) Wenn kurz vor dem Zeitpunkt *t*“ der diskriminative Stimulus $s^{D'}$ auftritt und kurz vor dem Zeitpunkt *t* der diskriminative Stimulus s^{D} auftritt und der diskriminative Stimulus $s^{D'}$ dem diskriminativen Stimulus s^{D} ähnlich ist und der Stimulus *s* auf das Vorkommnis *h* aus der Handlungsklasse *H* der Person *p* zum Zeitpunkt *t* folgt und sich die relative Häufigkeit der Vorkommnisse aus der Handlungsklasse *H* der Person *p* im Zeitintervall [*t*, *t*‘] erhöht und der Stimulus *s* nicht auf das Vorkommnis *h*‘ aus der Handlungsklasse *H* der Person *p* zum Zeitpunkt *t*“ folgt *oder* wenn kurz vor dem Zeitpunkt *t* der diskriminative Stimulus $s^{D'}$ auftritt und kurz vor dem Zeitpunkt *t* der diskriminative Stimulus s^{D} auftritt und der diskriminative Stimulus $s^{D'}$ dem diskriminativen Stimulus s^{D} ähnlich ist und der Stimulus *s* auf das Vorkommnis *h* aus der Handlungsklasse *H* der Person *p* zum Zeitpunkt *t* folgt und sich die relative Häufigkeit der Vorkommnisse aus der Handlungsklasse *H* der Person *p* im Zeitintervall [*t*, *t*‘] erhöht und der Stimulus *s* nach dem Vorkommnis *h* aus der Handlungsklasse *H* der Person *p* zum Zeitpunkt *t*“ entfernt wird, dann ist die relative Häufigkeit der Vorkommnisse aus der Handlungsklasse H_a der Person *p* im Zeitintervall [*t*“, *t*“‘] höher als die relative Häufigkeit der Vorkommnisse aus der Handlungsklasse *H* der Person *p* im Zeitintervall [*t*, *t*‘].

Das Antecedens von (HVa, 2) besteht aus der Disjunktion von zwei recht umfangreichen Konjunktionen, die bis auf das jeweils letzte Glied miteinander äquivalent sind. Durch Anwendung des junktorenlogischen Distributionsgesetzes

‘*P* und *(Q* oder *R)*‘ ist äquivalent mit ‘*(P* und *Q)* oder *(P* und *R)*‘

kann das Antecedens vereinfacht werden, so daß wir die endgültige Fassung erhalten:

(HVa, 3) Wenn kurz vor dem Zeitpunkt *t*“ der diskriminative Stimulus $s^{D'}$ auftritt und kurz vor dem Zeitpunkt *t* der diskriminative Stimulus s^{D} auftritt und der diskriminative Stimulus $s^{D'}$ dem diskriminativen Stimulus s^{D} ähnlich ist und der Stimulus *s* auf das Vorkommnis *h* aus der Handlungsklasse *H* der Person *p* zum Zeitpunkt *t* folgt und sich die relative Häufigkeit der Vorkommnisse aus der Handlungsklasse *H* der Person *p* im Zeitintervall [*t*, *t*‘] erhöht und entweder der Stimulus *s* nicht auf das Vorkommnis *h*‘ aus der

Handlungsklasse *H* der Person *p* zum Zeitpunkt *t*" folgt oder der Stimulus *s* nach dem Vorkommnis *h* aus der Handlungsklasse *H* der Person *p* zum Zeitpunkt *t*" entfernt wird, dann ist die relative Häufigkeit der Vorkommnisse aus der Handlungsklasse H_a der Person *p* im Zeitintervall [*t*", *t*'"] höher als die relative Häufigkeit der Vorkommnisse aus der Handlungsklasse *H* der Person *p* im Zeitintervall [*t*, *t*'].

(HVa, 3) ist aus (HVa) hervorgegangen unter anderem dadurch, daß ich von zwei Definitionen aus der *Homansschen* Theorie Gebrauch gemacht habe, nämlich von der Definition (DI) und der (zweiteiligen) Definition (DIII). (HVa, 3) enthält also nur noch Ausdrücke, die relativ auf die Austauschtheorie 'primitiv', d. h. undefiniert sind. Wenn (HVa, 3) eine logische Wahrheit ist, dann ist — die Adäquatheit meiner Interpretation vorausgesetzt — die Frustration-Aggressions-Hypothese analytisch. Betrachten wir also die logische Form von (HVa, 3). Sie läßt sich wohl durch das Schema

Wenn *P* und (*Q* oder *R*), dann *S*

repräsentieren. Dieses Schema ist nicht gültig. Demnach ist (HVa, 3) keine logische Wahrheit und (HVa) nicht analytisch.

Damit ist freilich nicht erwiesen, daß (HVa) empirisch gehaltvoll ist. Bedenken wir, daß *Homans* das Erwartungsproblem auf das Ähnlichkeitsproblem verschoben hat, indem er Kontexte, in denen „erwarten, daß . . ." respektive „nicht erwarten, daß — —" vorkommt, paraphrasiert durch Kontexte, in denen die Ähnlichkeit von zwei diskriminativen Stimuli behauptet wird. Ob eine solche Paraphrasierung im Sinne einer philosophischen Logik, die sich mit der 'Logik' von „glauben, daß . . .", „wissen, daß . . .", „fürchten, daß . . .", „hoffen, daß . . ." und „erwarten, daß . . ." auseinandersetzt, richtig, angemessen oder sinnvoll ist, mag und kann ich hier nicht diskutieren. Zugunsten von *Homans* möchte ich voraussetzen, daß seine 'Erwartungsparaphrasierung' haltbar ist. Unter dieser Voraussetzung lautet die Frage nach dem empirischen Gehalt der Frustrations-Aggressions-Hypothese: „Ist die Ähnlichkeit zwischen diskriminativen Stimuli empirisch feststellbar oder meßbar?" Oder: „Ist die Ähnlichkeit zwischen diskriminativen Stimuli empirisch feststellbar oder meßbar, ohne daß auf die Beobachtung oder Messung von Variablen, die als Effekte dieser Ähnlichkeit angenommen werden, zurückgegriffen wird?"

Auf diese Fragen findet man leider bei *Homans* keine klare Antwort. Insofern kann über den empirischen Gehalt seiner Frustrations-Aggressions-Hypothese nicht entschieden werden.

Was ist zum zweiten Teil der fünften Hypothese zu sagen? Sie lautet ja:

(HV b) Wenn die Handlung einer Person die Belohnung erhält, die sie erwar-

> tet hat, insbesondere eine größere Belohnung, als sie erwartet hat, oder wenn sie nicht die erwartete Bestrafung erhalten hat, wird sie erfreut sein; sie wird mit höherer Wahrscheinlichkeit billigendes Verhalten ausführen und die Ergebnisse solchen Verhaltens werden wertvoller für sie.

Die in ihr vorkommenden Phrasen „eine größere Belohnung, als sie erwartet hat", „sie wird erfreut sein" und „sie wird billigendes Verhalten ausführen" werden jedem Interpreten einige Schwierigkeiten bereiten. Nehmen wir an, diese Schwierigkeiten könnten überwunden werden, etwa dadurch, daß man in mehr oder weniger starker Analogie zur Rekonstruktion von (HVa) verfährt. Dann ergäbe sich im Hinblick auf die Frage nach dem empirischen Gehalt von (HVb) genau dieselbe Situation wie bei (HVa), da in (HVb) ebenfalls Erwartungskontexte vorkommen. Über den empirischen Gehalt von (HVb) kann somit ebenfalls nicht befunden werden.

Die Resultate meiner Untersuchung kann ich nun zusammenfassen.

Die Erfolgs-Hypothese ist nicht analytisch, auch ist sie empirisch überprüfbar, doch dürfte sie empirisch falsch sein.

Die Stimulus-Hypothese ist im Hinblick auf ihren Gehalt nicht beurteilbar, da *Homans* keine klaren Angaben über das Ähnlichkeitsproblem macht.

Die Wert-Hypothese ist analytisch und damit gehaltlos. Alle Fragen nach anderen Aspekten von Gehalt sind dadurch gegenstandslos.

Die Deprivations-Sättigungs-Hypothese ist ähnlich wie die Erfolgshypothese nicht analytisch. Auch dürfte sie — im Prinzip jedenfalls — empirisch recht gut zu überprüfen sein. Dementsprechend kann ihr empirischer Gehalt attestiert werden.

Die Aggressions-Billigungs-Hypothese schließlich ist nicht analytisch. Doch ist ein Urteil über ihren empirischen Gehalt nicht möglich, da sie — genau wie die Stimulus-Hypothese — mit dem Ähnlichkeitsproblem belastet ist, das *Homans* ungeklärt läßt.

§ 9: Zusammenfassung und Ausblick

Diese Arbeit habe ich geschrieben, weil ich herausfinden wollte, ob die Theorie des elementaren Sozialverhaltens von *George Caspar Homans*, die allgemein als „Austauschtheorie“ bezeichnet wird und die eine der bekanntesten sozialwissenschaftlichen Theorien der zweiten Hälfte dieses Jahrhunderts ist, empirischen Gehalt besitzt oder aber ob sie empirisch leer ist. Angeregt wurde ich zur Behandlung dieses Themas durch die in der Literatur immer wieder zu findenden Vorwürfe, diese Theorie sei teilweise oder gar zur Gänze 'tautologisch' oder 'zirkulär'. Mit diesen beiden Worten, die häufig für Synonyme gehalten werden, ist fast immer gemeint, daß bestimmte Sätze der Austauschtheorie analytisch sind oder daß sie einer echten empirischen Überprüfung deshalb nicht zugänglich sind, weil unabhängige und abhängige Variablen nicht unabhängig voneinander beobachtet oder gemessen werden können. In meiner Arbeit habe ich mich vorwiegend mit dem Analytizitätsvorwurf auseinandergesetzt. Diese Entscheidung habe ich nicht so sehr deshalb gefällt, weil ich die Analytizitätsfrage für die Frage halte, die andere an Wichtigkeit übertrifft, sondern weil sie anhand der Texte noch am einfachsten zu beantworten ist und weil sie beantwortet werden muß, bevor man auf andere Fragen, die mit dem empirischen Gehalt zusammenhängen, zu sprechen kommen kann. Der verbreiteten Praxis, über *Homans'* Austauschtheorie pauschale Urteile zu fällen und diese mit pauschalen Hinweisen zu stützen, wollte ich entgegentreten mit dem Versuch, im Detail und dicht an den für das Thema relevanten Textstellen diese Theorie zur Kenntnis zu nehmen und sie möglichst adäquat zu interpretieren und zu rekonstruieren. Dies war nicht immer leicht. Behilflich waren mir dabei allerdings die Vorarbeiten, die ich in den Paragraphen zwei bis sieben geleistet habe.

Der zweite Paragraph beschäftigt sich mit dem Ziel der Erfahrungswissenschaften und der Idee des Gehalts. Das Ziel der Erfahrungswissenschaften charakterisiere ich als das, die Wirklichkeit zu erkennen, sie darzustellen und sie zu erklären. Damit eng verbunden sind die Idee der Wahrheit und die Idee des Gehalts, da die erfahrungswissenschaftlichen Theorien möglichst wahr und möglichst gehaltvoll sein sollen, wenn sie zur Erreichung dieses Zieles dienen sollen. Die Idee der Wahrheit interpretiere ich im Sinne einer realistischen Erkenntnistheorie, gehe aber nicht näher auf sie ein. Die Idee des Gehaltes hat nach meiner Auffassung mindestens sechs Aspekte, unter denen es zum Teil beträchtliche Unterschiede gibt. Von diesen Aspekten sind für meine Arbeit außer dem der Nicht-Analytizität besonders wichtig der Aspekt der Meßverfahren und der Aspekt der Zirkularität von Beobachtungen und Messungen. Auf sie greife ich später immer wieder zurück.

Im dritten Paragraphen befasse ich mich mit dem Erkenntniswert analytischer Sätze, indem ich logische und erkenntnistheoretische Aspekte beleuchte. Im ersten, recht ausführlichen, Teil stelle ich Sätze vor, die in der Logik als „logisch wahr" oder als „logische Wahrheiten" bezeichnet werden. Daran anschließend charakterisiere ich Sätze, die analytisch wahr sind und die ich kurz „analytisch" nenne, als solche, die mittels Definitionen (einer Theorie, in denen die fraglichen Sätze enthalten sind) in logisch wahre Sätze überführt werden können. Dies ist vermutlich der schärfste und zugleich unproblematischste Begriff von analytischen Sätzen. Zur Beantwortung der Frage nach dem Erkenntniswert solcher Sätze führe ich zwei bedeutende philosophische Positionen an, die von *Popper* und *Carnap* einerseits und *Quine* andererseits. Nach *Popper* und *Carnap* haben analytische Sätze keinerlei Erkenntniswert, nach *Quine* einen minimalen.

Der vierte Paragraph widmet sich den methodologischen Aspekten des Erkenntniswertes analytischer Sätze. Sind sie empirisch überprüfbar und sind sie als Prämissen in erklärenden und prognostischen Argumenten verwendbar? Beide Fragen verneine ich. Die Diskussion dieser Aspekte führe ich im übrigen ohne die im dritten Paragraphen gewonnenen Resultate.

Der fünfte Paragraph faßt die Austauschtheorie zusammen und gestattet dem Leser (auch mir selbst) einen schnellen Überblick über diese Theorie.

Im sechsten Paragraphen stelle ich zwei häufig vertretene Deutungsmöglichkeiten der Austauschtheorie vor. Bei der einen Deutung ist sie eine hedonistische, bei der anderen eine (radikal-)behavioristische Theorie des elementaren Sozialverhaltens. Ich lege dar, was unter „Hedonismus" und „(radikalem) Behaviorismus" zu verstehen ist. Die Darstellung des Hedonismus halte ich mit Absicht nicht zu speziell, um eine Entscheidung in die Richtung einer nicht-hedonistischen Deutung nicht zu präjudizieren. Den radikalen Behaviorismus von *Skinner* dagegen stelle ich breiter dar, schon deshalb, weil er eine — jedenfalls im Vergleich zur Gruppe der verschiedenen 'Hedonismen' — geschlossene Theorie ist. Diese Theorie behandle ich in diesem Paragraphen unter vorwiegend methodologischen Gesichtspunkten, weil *Homans* in seinen Berufungen auf *Skinner* vornehmlich methodologisch argumentiert. Ich stelle heraus, daß für eine hedonistische Interpretation bei genauer Analyse so gut wie nichts spricht, und ich kann zugunsten einer behavioristischen Interpretation viele wichtige Verlautbarungen von *Homans* anführen.

Der achte und umfangreichste Paragraph untersucht zum Teil recht penibel die fünf Hypothesen der Austauschtheorie. Wie im siebten Paragraphen mache ich regen Gebrauch von der elementaren Logik, versuche aber gleichzeitig den *Homansschen* Texten gerecht zu werden, sie ernst zu nehmen. Mein Verfahren besteht im wesentlichen darin, die Hypothesen in eine strikt behavioristische Sprache, wie sie von *Skinner* gebraucht wird, 'rückzuübersetzen', sie also im Sinne des radikalen Behaviorismus zu interpretieren und zu rekonstruieren. Da eine solche Übersetzung — wie jede Übersetzung! — nicht von eindeutigen Entsprechungen zwischen einzelnen Ausdrücken der beiden Sprachen ausgehen kann, muß ich häufig Kontext durch Kontext ersetzen, also paraphrasieren. Meine Untersuchung ergibt ein recht differenziertes Urteil über die Austauschtheorie, ohne daß ich sie deshalb als „ausgewogen" bezeichnen würde. Eine Hypothese (die Wert-Hypothese) erweist sich als analytisch, zwei Hypothesen (die Erfolgs-Hypothese und die Deprivations-Sättigungs-Hypothese) sind eindeutig nicht analytisch und meines Erachtens auch recht gut empirisch überprüfbar, allerdings dürfte die erstgenannte empirisch falsch sein. Die beiden übrigen (die Stimulus-Hypothese und die Aggressions-Billigungs-Hypothese) sind, soweit ich sehen kann, ebenfalls nicht analytisch, doch könnte ihr empirischer Gehalt an der 'Ähnlichkeitsproblematik' scheitern, die von *Homans* — möglicherweise nicht ganz unbeabsichtigt — sehr stiefmütterlich behandelt wird. Die Theorie von *Homans* ist damit als insgesamt empirisch gehaltvoll ausgewiesen. Allerdings konzentriert sich dieser Gehalt vorwiegend in der (vermutlich falschen) Erfolgs-Hypothese und in der Deprivations-Sättigungs-Hypothese. Wie hoch der Gehalt dieser Theorie zu veranschlagen ist, kann nur durch Vergleich mit anderen Theorien bestimmt werden. Was aber ist schwieriger als Theorienvergleich?

Nach der Lektüre dieses Buches könnte bei manchen Lesern der Eindruck entstanden sein, hier werde lediglich eine bekannte sozialwissenschaftliche Theorie gewogen und für zu leicht befunden, was jedoch fehle, sei eine konstruktiv-innovative Weiterentwicklung dieser Theorie.

Dazu wäre zunächst zu sagen, daß eine derartige Weiterentwicklung angesichts der hier vorgelegten Resultate äußerst schwierig sein dürfte. *Homans'* Theorie ist so stark vom Behaviorismus *Skinners* durchtränkt, daß nur eine Radikalkur Abhilfe schaffen könnte. Eine solche Kur aber käme einer umfassenden Uminterpretation gleich, die mit den Intentionen von *Homans* wohl kaum im Einklang stünde.

Statt dessen scheint mir ein ideengeschichtlicher Rückgriff fruchtbar und interessant zu sein: Ich denke dabei an die Träger der schottischen Aufklärung, vor allem an *Hume* und *Smith.* Es ist bemerkenswert und stimmt melancholisch, daß weder der eine noch der andere von *Homans* zitiert oder auch nur erwähnt wird.

Hume hat im dritten Buch seines „Traktats über die menschliche Natur" (*Hume* 1976, S. 455-621) eine Fülle von sozialwissenschaftlichen Betrachtungen angestellt, deren Aktualität jedem, der sich in der zeitgenössischen Problemsituation auskennt, sofort ins Auge springt. Zu nennen wäre u.a. seine Überlegungen über

(i) die Diskontierung der Zukunft (S. 535 und passim),

(ii) die Bedeutung von eigentumsrechtlichen Regelungen (S. 491 ff.),

(iii) das Problem der kollektiven Güter und des kollektiven Handelns (S. 538 f.) und

(iv) die Bedeutsamkeit der Knappheit für das soziale Leben der Menschen (S. 494 f.).

Ähnliche Ideen finden sich auch bei *Smith.* Sein sozialtheoretisches Hauptwerk ist ja nicht so sehr seine „Untersuchung über das Wesen und die Ursachen des Wohlstands der Nationen" (*Smith* 1976 b), sondern eher seine „Theorie der moralischen Gefühle" (*Smith* 1976 a). Diese Theorie, die sich überwiegend nicht mit normativen, sondern mit Tatsachenfragen beschäftigt (*Smith* 1976 a, S. 77), ist äußerst kompliziert und — jedenfalls für uns im 20. Jahrhundert — schwierig zu verstehen. Stark vereinfacht und in Auszügen lautet seine Theorie etwa so:

(i) Jeder Mensch ist von Natur aus in erster Linie an seinem eigenen Wohlergehen interessiert (*Smith* 1976 a, S. 82, S. 219, S. 272). Jedoch sind die Menschen keineswegs, wie etwa *Hobbes* glaubte, reine Egoisten. Sie sind auch zu Sympathie und „fellow-feeling", d. h. zu Mitgefühl fähig. Allerdings nimmt das Mitgefühl monoton mit der biologischen, sozialen oder räumlichen Distanz ab (*Smith* 1976a, S. 219 f.).

(ii) Alle Menschen streben danach, ihre Lebensbedingungen zu verbessern (*Smith* 1976 a, S. 50; vgl. auch *Smith* 1976 b, S. 99, S. 341, S. 405, S. 540, S. 674). Der Mensch zeichnet sich geradezu dadurch aus, daß ihm nichts gut genug ist: „Er findet, daß jedes Ding der Verbesserung bedarf" (*Smith* 1978, S. 487).

(iii) Alle Mitglieder einer Gesellschaft sind auf gegenseitige Unterstützung angewiesen (*Smith* 1976 a, S. 85), schon allein in dem Sinne, daß ihre Lebensbedingungen durch Gesellung verbessert werden können. Die Gesellschaft anderer wird in der Regel der Einsamkeit vorgezogen.

(iv) Gesellschaftliches Zusammenleben ist schon dann möglich, wenn sich die einzelnen Personen durch „gewinnsüchtige Tauschakte" („mercenary exchanges") gegenseitig gute Dienste leisten (*Smith* 1976 a, S. 86). Und er fügt hinzu: „Wenn es eine Gesellschaft zwischen Räubern und Mördern gibt, dann müssen sie ... sich wenigstens des Raubens und Mordens enthalten" (ebenda).

(v) „Wie jeder tut, so soll ihm wieder getan werden, und die Vergeltung des Gleichen mit Gleichem scheint das große Gesetz zu sein, das uns von der Natur diktiert worden ist" (*Smith* 1976 a, S. 82).

Diese skizzenhafte Charakterisierung mag hier genügen, um ein ungefähres Bild von der *Smithschen* Theorie zu vermitteln. Eine systematische, umfassende und sorgfältige Rekonstruktion der „Theorie der moralischen Gefühle" scheint mir jedenfalls eine lohnenswerte und wichtige Aufgabe zu sein, auch und gerade dann, wenn es um Austauschtheorien geht.

Literaturverzeichnis

Abrahamson, B. 1970 — Homans on exchange: Hedonism revived. American Journal of Sociology, 76, S. 273-285

Albert, H. 1977 — Individuelles Handeln und soziale Steuerung. Die ökonomische Tradition und ihr Erkenntnisprogramm. In: H. Lenk (Hrsg.): Handlungstheorien interdisziplinär, IV. Sozialwissenschaftliche Handlungstheorien und spezielle systemwissenschaftliche Ansätze. München: Fink, S. 177-255

Albert, H. 1978 — Traktat über rationale Praxis. Tübingen: Mohr (Siebeck)

Albert, H. 1982 — Die Wissenschaft und die Suche nach Wahrheit. Zum realistischen Hintergrund der wissenschaftlichen Methode. In: H. Albert: Die Wissenschaft und die Fehlbarkeit der Vernunft. Tübingen: Mohr (Siebeck), S. 6-36

Arrow, K. J. 1963 — Social choice and individual values. 2nd ed. New Haven/London: Yale University Press

Attneave, F. 1959 — Applications of information theory to psychology: A summary of basic concepts, methods, and results. New York: Holt, Rinehart & Winston

Bentham J. 1948 — An introduction to the principles of morals and legislation (zuerst 1789). New York: Hafner Press

Berlyne, D. E. 1973 — The vicissitudes of aplopathematic and thelematoscopic pneumatology (or the hydrography of hedonism). In D. E. Berlyne & K. B. Madsen (Eds.): Pleasure, reward, preference. Their nature, determinants, and role in behavior. New York: Academic Press, S. 1-33

Blau, P. M. 1964 — Exchange and power in social life. New York: Wiley

Boehner, Ph. 1958 — A recent presentation of Ockham's philosophy. In: Ph. Boehner: Collected articles on Ockham. Louvain/Paderborn: Nauwelaerts/Schöningh, S. 136-156

Boulding, K. E. 1962 — An economist's view. American Journal of Sociology, 67, S. 458-461

Brandt, R. B. 1959 — Ethical theory. The problems of normative and critical ethics.
Englewood Cliffs, N.J.: Prentice-Hall

Brandt, R. B. 1967 — Hedonism. In P. Edwards (Ed.): The encyclopedia of philosophy, Vol. 3.
New York: Macmillan, S. 432-435

Carlson, N. R. 1981 — Physiology of behavior. 2nd. ed.
Boston: Allyn & Bacon

Carnap, R. 1930/1931 — Die alte und die neue Logik.
Erkenntnis, 1, S. 12-26

Carnap, R. 1932 — Die physikalische Sprache als Universalsprache der Wissenschaft.
Erkenntnis, 2, S. 432-465

Carnap, R. 1936 — Testability and meaning. I, II, III.
Philosophy of Science, III, S. 419-471

Carnap, R. 1942 — Introduction to semantics.
Cambridge, Mass.: Harvard University Press

Carnap, R. 1950 — Logical foundations of probability.
Chicago: Chicago University Press

Carnap, R. 1956 — Meaning and necessity: A study in semantics and modal logic. 2nd. ed.
Chicago: The University of Chicago Press

Carnap, R. 1960 — Einführung in die symbolische Logik mit besonderer Berücksichtigung ihrer Anwendungen.
Zweite neubearbeitete und erweiterte Auflage.
Wien: Springer

Carnap, R. 1968 — Logische Syntax der Sprache. Zweite, unveränderte Auflage.
Wien/New York: Springer

Chadwick-Jones, J. K. 1976 — Social exchange theory: Its structure and influence in social psychology.
London: Academic Press

Chisholm, R. M. 1977 — Theory of knowledge. 2nd. ed.
Englewood Cliffs, N.J.: Prentice-Hall

Chomsky, N. 1962 — Review of Skinner's „Verbal Behavior".
Language, 35, S. 26-58

Cowan, J. L. 1968 — Pleasure and pain: A study in philosophical psychology.
London: Macmillan

Davidson, D., *Suppes*, P. & *Siegel*, S. 1957 — Decision making: An experimental approach.
Chicago: The University of Chicago Press

Davis, J. A. 1962 — A sociologist's view.
American Journal of Sociology, 67, S. 454-458

Deutsch, M. 1964 — Homans in the Skinner box.
Sociological Inquiry, 34, S. 157-165

Deutsch, M. & *Krauss*, R. M. 1965 — Theories in social psychology. New York: Basic Books

Durkheim, É. 1895 — Les règles de la méthode sociologique. Paris: Ancienne Librairie Baillére et Cie.

Ekeh, P. P. 1974 — Social exchange theory: The two traditions. London: Heinemann

Ekeh, P. P. 1976 — (Rezension von *Homans* 1974) Contemporary Sociology, 5, S. 516-517

Emerson, R. M. 1969 — Operant psychology and exchange theory. In: R. L. Burgess & Don Bushell, Jr. (Eds.): Behavioral sociology: The experimental analysis of social process. New York: Columbia University Press, S. 379-405

Emerson, R. M. 1972 — Exchange theory. In: J. Berger, M. Zelditch, jr & B. Anderson (Eds.): Sociological theories in progress, Vol. 2. Boston: Houghton Mifflin, S. 38-87

Emerson, R. M. 1976 — Social exchange theory. Annual Review of Sociology, 2, S. 335-362

Festinger, L. 1954 — A theory of social comparison processes. Human Relations, 7, S. 117-140

Frege, G. 1884 — Die Grundlagen der Arithmetik. Eine logisch-mathematische Untersuchung über den Begriff der Zahl. Breslau: M. & H. Marcus

Gardner, M. 1957 — Fads and fallacies: In the name of science. 2nd ed. New York: Dover

Gardner, M. 1983 — Science: Good, bad and bogus. Oxford: Oxford University Press

Gergen, K. J. 1969 — The psychology of behavior exchange. Reading, Mass.: Addison-Wesley

Gergen, K.J., *Greenberg*, M. S. & *Willis*, R. H. 1980 — Introduction (zu Teil III). In: K.J. Gergen, M.S. Greenburg & R.H. Willis (Eds.): Social exchange: Advances in theory and research. New York: Plenum Press, S. 189-196

Gibbs, J.P. 1977 — Homans and the methodology of theory construction. In: R. L. Hamblin & J.H. Kunkel (Eds.): Behavioral theory in sociology. Essays in honor of George C. Homans. New Brunswick, N.J.: Transaction Books, S. 27-48

Gomperz, H. 1898 — Kritik des Hedonismus. Eine psychologisch-ethische Untersuchung. Stuttgart: Cotta

Heath, A. 1976 — Rational choice and social exchange: A critique of exchange theory. Cambridge: Cambridge University Press

Hempel, C. G. 1952 Fundamentals of concept formation in empirical science.
Chicago: The University of Chicago Press

Hempel, C. G. 1965 Aspects of scientific explanation. In: C. G. Hempel: Aspects of scientific explanation and other essays in the philosophy of science.
New York: The Free Press, S. 331-496

Hempel, C. G. & *Oppenheim*, P. 1936 Der Typusbegriff im Lichte der neuen Logik. Wissenschaftstheoretische Untersuchungen zur Konstitutionsforschung und Psychologie.
Leiden: Sijthoff

Hempel, C. G. & *Oppenheim*, P. 1948 Studies in the logic of explanation.
Philosophy of Science, 15, S. 135-175

Homans, G. C. 1958 Social behavior as exchange.
American Journal of Sociology, 63, S. 597-606

Homans, G. C. 1961 Social behavior: Its elementary forms.
New York: Harcourt, Brace and World

Homans, G. C. 1962 Autobiographical introduction. In: G. C. Homans: Sentiments and activities. Essays in social science.
London: Routledge & Kegan Paul, S. 1-49

Homans, G. C. 1964a Contemporary theory in sociology. In: R.E.L. Faris (Ed.): Handbook of modern sociology.
Chicago: Rand McNally, S. 951-977

Homans, G. C. 1964b Commentary.
Sociological Inquiry, 34, S. 221-231

Homans, G. C. 1964c A theory of social interaction. In: Transactions of the Fifth World Congress of Sociology, Vol. IV., 1964.
Louvain: International Sociological Association, S. 113-131

Homans, G. C. 1967 The nature of social science.
New York: Harcourt, Brace & World

Homans, G. C. 1969 The sociological relevance of behaviorism.
In: R. L. Burgess & D. Bushell, Jr (Eds.): Behavioral sociology. The experimental analysis of social process.
New York: Columbia University Press, S. 1-24

Homans, G. C. 1970 The relevance of psychology to the explanation of social phenomena. In: R. Borger & F. Cioffi (Eds.): Explanation in the behavioural sciences.
London: Cambridge University Press, S. 313-328

Homans, G. C. 1973 Fundamental social processes. In: N.J. Smelser (Ed.): Sociology: An introduction. 2nd ed.
New York: Wiley, S. 549-593

Homans, G. C. 1974 Social behavior: Its elementary forms. Rev. ed.
New York: Harcourt Brace Jovanovich

Homans, G. C. 1979 — Foreword. In: R. L. Burgess & T. L. Huston (Eds.): Social exchange in developing relationships. New York: Academic Press, S. XV-XX

Homans, G. C. 1980 — Skinner again. American Journal of Sociology, 86, S. 389-393

Hospers, J. 1972 — Human conduct: Problems of ethics. Shorter edition. New York: Harcourt Brace Jovanovich

Hughes, G. E. & *Cresswell,* M.J. 1968 — An introduction to modal logic. London: Methuen

Hume, D. 1975 — Enquiries concerning human understanding and concerning the principles of morals. Ed. L.A. Selby-Bigge (zuerst 1777) Oxford: Clarendon Press

Hume, D. 1976 — A treatise of human nature: Being an attempt to introduce the experimental method of reasoning into moral subjects. Ed. L. A. Selby-Bigge, 2nd ed. (zuerst 1739/1740) Oxford: Clarendon Press

Irle, M. 1975 — Lehrbuch der Sozialpsychologie. Göttingen: Hogrefe

Irle, M. 1978 — Die Theorie der kognitiven Dissonanz: Ein Resümee ihrer theoretischen Entwicklung und empirischen Ergebnisse 1957-1976. 1.: Theorie. In: M. Irle & V. Möntmann (Hrsg.): L. Festinger: Theorie der kognitiven Dissonanz. Bern: Huber, S. 274-303

Johnson, W. T. 1977 — Exchange in perspective: The promises of George C. Homans. In: R. L. Hamblin & J. H. Kunkel (Eds.): Behavioral theory in sociology. Essays in honor of George C. Homans. New Brunswick, N.J.: Transaction Books, S. 49-90

Kant, I. 1956 — Kritik der reinen Vernunft. Unveränderter Neudruck der von Raymund Schmidt besorgten Ausgabe (nach der zweiten durchgesehenen Auflage von 1930). Erste Auflage 1781, zweite Auflage 1787. Hamburg: Meiner

Koyrè, A. 1968 — An experiment in measurement. In: A. Koyrè: Metaphysics and measurement: Essays in scientific revolution. London: Chapman & Hall, S. 89-117

Kunkel, J. H. & *Hamblin,* R. L. 1977 — Introduction. In: R. L. Hamblin & J. H. Kunkel (Eds.): Behavioral theory in sociology. Essays in honor of George C. Homans. New Brunswick, N. J.: Transaction Books, S. 13-16

Lee, W. 1971 Decision theory and human behavior.
New York: Wiley

Lefkowitz, M. 1972 Sozialbehaviorismus als soziologische Theorie. Zur Gesellschaftslehre George C. Homans'.
Saarbrücken: Universität des Saarlandes (Dissertation)

Leibniz, G. W. 1956 Vernunftprinzipien der Natur und der Gnade. Monadologie. Herausgegeben von H. Herring.
Hamburg: Meiner

Lipsey, R. G. 1975 An introduction to positive economics. 4th ed.
London: Weidenfeld & Nicolson

Liska, A. 1969 Uses and misuses of tautologies in social psychology.
Sociometry, 32, S. 444-457

Malewski, A. 1967 Verhalten und Interaktion. Die Theorie des Verhaltens und das Problem der sozialwissenschaftlichen Integration.
Tübingen: Mohr (Siebeck)

March, J. G. & *Simon*, H. A. 1958 Organizations.
New York: Wiley

Maris, R. 1970 The logical adequacy of Homans' social theory.
American Soiological Review, 35, S. 1069-1081

Mates, B. 1972 Elementary logic. 2nd ed.
New York: Oxford University Press

McClintock, Ch. G. & *Keil*, L. J. 1982 Equity and social exchange. In: J. Greenberg & R. Cohen (Eds.): Equity and justice in social behavior.
New York: Academic Press, S. 336-387

McLaughlin, B. 1971 Learning and social behavior.
New York: The Free Press

Mill, J. S. 1969 Utilitarianism. In: J. M. Robson (Ed.): Collected Works of John Stuart Mill, Vol. X: Essays on ethics, religion and society.
Toronto: University of Toronto Press, S. 203-259

Opp, K.-D. 1970 Soziales Handeln, Rollen und soziale Systeme. Ein Erklärungsversuch sozialen Verhaltens.
Stuttgart: Enke

Opp, K.-D. 1972 Verhaltenstheoretische Soziologie.
Reinbek: Rowohlt

Opp, K.-D. 1976 Methodologie der Sozialwissenschaften. Einführung in Probleme ihrer Theoriebildung. Durchgreifend revidierte und wesentlich erweiterte Neuausgabe.
Reinbek: Rowohlt

Opp, K.-D. 1979 Individualistische Sozialwissenschaft. Arbeitsweise und Probleme individualistisch und kollektivistisch orientierter Sozialwissenschaften.
Stuttgart: Enke

Peirce, C. S. 1960 — Collected papers of Charles Sanders Peirce, Vol. IV: The simplest mathematics. Ed. by C. Hartshorne & P. Weiss. 2nd printing.
Cambridge, Mass.: The Belknap Press of Harvard University Press

Pejovich, S. 1979 — Fundamentals of economics: A property rights approach.
Dallas: The Fisher Institute

Popper, K. R. 1963a — Science: Conjectures and refutations. In: K. R. Popper: Conjectures and refutations: The growth of scientific knowledge.
New York: Harper & Row, S. 33-65

Popper, K. R. 1963b — Truth, rationality, and the growth of scientific knowledge. In: K. R. Popper: Conjectures and refutations: The growth of scientific knowledge.
New York: Harper & Row, S. 215-250

Popper, K. R. 1969 — Logik der Forschung. 3. Auflage (zuerst 1934)
Tübingen: Mohr (Siebeck)

Popper, K. R. 1972 — The aim of science. In: K. R. Popper: Objective knowledge: An evolutionary approach.
London: Oxford University Press, S. 191-205

Popper, K. R. 1979 — Die beiden Grundprobleme der Erkenntnistheorie. Aufgrund von Manuskripten aus den Jahren 1930-1933 herausgegeben von T. E. Hansen.
Tübingen: Mohr (Siebeck)

Putnam, H. 1962 — The analytic and the synthetic. In: H. Feigl & G. Maxwell (Eds.): Minnesota studies in the philosophy of science, Vol. III: Scientific explanation, space, and time.
Minneapolis: University of Minnesota Press, S. 358-397

Putnam, H. 1975 — The meaning of 'meaning'. In: H. Putnam: Mind, language and reality: Philosophical papers, Vol. 2.
Cambridge: Cambridge University Press, S. 215-271

Quine, W. V. 1951 — Mathematical logic. Rev. ed.
Cambridge: Harvard University Press

Quine, W. V. 1961 — Two dogmas of empiricism. In: W. V. Quine: From a logical point of view. 9 logico-philosophical essays, 2nd ed., rev.
Cambridge, Mass.: Harvard University Press, S. 20-46

Quine, W. V. 1963 — Carnap and logical truth. In: P. A. Schilpp (Ed.): The philosophy of Rudolf Carnap.
La Salle, Ill.: Open Court, S. 385-406

Quine, W. V. 1970 — Philosophy of logic.
Englewood Cliffs, N. J.: Prentice-Hall

Quine, W. V. 1976a — Truth by convention. In: W. V. Quine: The ways of paradox and other essays. Rev. and enlarged ed. Cambridge, Mass.: Harvard University Press, S. 77-106

Quine, W. V. 1976b — The scope and language of science. In: W. V. Quine: The ways of paradox and other essays. Rev. and enlarged ed. Cambridge, Mass.: Harvard University Press, S. 228-245

Quine, W. V. 1982 — Methods of logic. 4th ed. Cambridge, Mass.: Harvard University Press

Quine, W. V. & *Ullian*, J.S. 1978 — The web of belief. 2nd ed. New York: Random House

Schwartz, B. 1980 — New developments in operant conditioning and their implications. In: K. J. Gergen, M. S. Greenberg & R. H. Willis (Eds.): Social exchange: Advances in theory and research. New York: Plenum Press, S. 239-259

Scriven, M. 1956 — A study of radical behaviorism. In: H. Feigl & M. Scriven (Eds.): Minnesota studies in the philosophy of science, Vol. I: The foundations of science and the concepts of psychology and psychoanalysis. Minneapolis: University of Minnesota Press, S. 88-130

Shaw, M. E. & *Costanzo*, P. R. 1970 — Theories of social psychology. New York: McGraw-Hill

Singelmann, P. 1972 — Exchange as symbolic interaction: convergences between two theoretical perspectives. American Sociological Review, 37, S. 414-424

Skidmore, W. 1975 — Theoretical thinking in sociology. Cambridge: Cambridge University Press

Skinner, B. F. 1938 — The behavior of organisms: An experimental analysis. New York: Appleton-Century-Crofts

Skinner, B. F. 1953 — Science and human behavior. New York: Macmillan

Skinner, B. F. 1973 — Beyond freedom and dignity. Harmondsworth: Penguin

Smith, A. 1976a — The theory of moral sentiments. Ed. D. D. Raphael & A. L. Macfie. (zuerst 1759, 6. Auflage 1790) Oxford: Clarendon Press

Smith, A. 1976b — An inquiry into the nature and causes of the wealth of nations. Ed. R. H. Campbell & A. S. Skinner (zuerst 1776) Oxford: Clarendon Press

Smith, A. 1978 Lectures on jurisprudence. Ed. R. L. Meek, D. D. Raphael & P. G. Stein (posthum veröffentlichte Vorlesungsmitschriften aus den Jahren 1762, 1763 und 1766)
Oxford: Clarendon Press

Stich, S. P. 1983 From folk psychology to cognitive science: The case against belief.
Cambridge, Mass.: MIT Press

Suppes, P. 1957 Introduction to logic.
New York: Van Nostrand

Suppes, P. & *Zinnes*, J. L. 1963 Basic measurement theory. In: R.D. Luce, R.R. Bush & E. H. Galanter (Eds.): Handbook of mathematical psychology, Vol. I.
New York: Wiley, S. 3-76

Swensen, C. H. 1973 Introduction to interpersonal relations.
Glenview, Ill.: Scott, Foresman and Company

Tarski, A. 1965 Introduction to logic and to the methodology of deductive sciences. 3rd. ed, rev.
New York: Oxford University Press

Thibaut, J. W. & *Kelley*, H. H. 1959 The social psychology of groups.
New York: Wiley

Troland, L. T. 1967 The fundamentals of human motivation.(zuerst 1928)
New York: Hafner Publishing Company

Turner, J. H. 1974 The structure of sociological theory.
Homewood, Ill.: The Dorsey Press

Turner, J. H. 1978 The structure of sociological theory. Rev. ed.
Homewood, Ill.: The Dorsey Press

Vanberg, V. 1975 Die zwei Soziologien: Individualismus und Kollektivismus in der Sozialtheorie.
Tübingen: Mohr (Siebeck)

Young, P. T. 1959 The role of affective processes in learning and motivation.
Psychological Review, 66, S. 104-125

Personenregister

Sachregister

FSC
www.fsc.org
MIX
Papier | Fördert gute Waldnutzung
FSC® C083411

Kolibri 360 GmbH
Ferdinand-Jühlke-Straße 7
99095 Erfurt, Deutschland
produktsicherheit@kolibri360.de

Druck:
CPI Druckdienstleistungen GmbH
im Auftrag der
Kolibri 360 GmbH
Ferdinand-Jühlke-Str. 7
99095 Erfurt